TRIZ 理论及工程应用教程

曹珍 韩提文 李爽 主编

化学工业出版社
·北京·

内容简介

《TRIZ理论及工程应用教程》是基于职业教育要积极探索职业本科教育的办学模式与人才培养模式，系统提升技术技能人才培养质量，全面加强应用技术研发，形成稳定成熟的职业教育办学经验与特色的背景而编写的。在职业教育中引入创新方法，将其融入应用型人才的创新创业教育，是增强大学生创新精神及创业意识、提高创新能力、丰富实践能力的必然选择。

本书的前半部分以被称为"点金术"的TRIZ理论为基础，包含TRIZ原理和工具的介绍；后半部分为运用TRIZ理论解决不同学科领域实际工程问题案例实操，主要包括装备制造业、化学工程、材料工程、建筑工程和车辆工程等。

本书可作为装备制造业、化学工程、材料工程、建筑工程和车辆工程等相关专业学生的教学用书，也可供需要解决技术问题、难题的工程技术、科研人员使用。

图书在版编目（CIP）数据

TRIZ理论及工程应用教程/曹珍，韩提文，李爽主编．—北京：化学工业出版社，2023.1
　　ISBN 978-7-122-42460-0

Ⅰ.①T⋯　Ⅱ.①曹⋯②韩⋯③李⋯　Ⅲ.①创造学-教材　Ⅳ.①G305

中国版本图书馆CIP数据核字（2022）第206028号

责任编辑：邢启壮

责任校对：宋　玮　　　　　　　　　　　　装帧设计：王晓宇

出版发行：化学工业出版社
　　（北京市东城区青年湖南街13号　邮政编码100011）
印　　装：大厂聚鑫印刷有限责任公司
787mm×1092mm　1/16　印张11½　字数280千字　2023年3月北京第1版第1次印刷

购书咨询：010-64518888　　　　　　售后服务：010-64518899
网　　址：http://www.cip.com.cn

凡购买本书，如有缺损质量问题，本社销售中心负责调换。

定　价：46.00元　　　　　　　　　　　　　　　　　版权所有　违者必究

前言

创新是引领发展的第一动力。过去十多年来，我国创新方法工作从零开始，在实践中已探索出一条适合我国国情的本土化创新方法工作体系，产出了一大批知识产权成果和新技术、新工艺、新产品，取得了显著的经济和社会效益。为推进创新方法工作再上新台阶，使创新方法能在高等学校育人方面真正落地并持续发挥作用，需要在技能型人才培养中引入创新方法教育。不同阶段、不同专业、不同行业的各类技能型人才，均可在本书中找到合适的学习内容和实战案例，以支持创新方法更大范围、更有效地在高等职业院校中的导入和推广。

本书以TRIZ（发明问题解决理论）为核心，在不同专业实际工程案例中应用TRIZ理论进行实操，研究其在技能型创新方法人才培养中的应用。

本书共十章：第一章为TRIZ发展概述和基本概念；第二章至第四章，分别为冲突解决理论、发明原理及物质-场模型与标准解；第五章至第十章分别讲述了TRIZ理论在装备制造业、化学工程、材料工程、建筑工程、车辆工程和创新设计中的应用。

本书由河北工业职业技术大学曹珍、韩提文、李爽担任主编，河北工业职业技术大学刘龙、赵璐璐、张士宪、吉悦、河北省科学技术情报研究院张苏担任副主编，河北工业职业技术大学王子良、郭明皓、王丽佳、韩宏彦、石永亮、时彦林、王真、河北女子职业技术学院黄士良、河北科技师范学院焦洪磊、河北石油职业技术大学刘春哲、太原理工大学张铮、南京工业职业技术大学施渊吉、上海工程技术大学李晓成、河北省科学技术情报研究院黄贝贝、河北工院科技园有限公司刘靖华、河北平旦科技有限公司宋俊峰、河北中测计量检测有限公司任贵龙、河钢集团石家庄钢铁有限责任公司技术中心张国涛、河钢集团销售总公司华南销售中心肖运昌等参与了本书编写工作。

由于实施创新教育与专业相融合是一项全新的课题，许多问题尚在探索之中，编者在编写过程中参考了相关论文、资料以及著作和教材，在此特向原作者表示衷心的感谢。

本书得到了教育部创新方法专项项目（项目编号：2020IM030200）、河北省科学情报院创新方法高校人才基地建设和创新方法理论研究与人才培养基地建设项目、河北工业职业技术大学创新方法研究专项项目（编号：cx202202）资助。

由于编者学习、研究、应用TRIZ时间尚短，书中内容如有不妥之处，欢迎广大读者批评指正。

编者
2022年6月

目录

第一章
TRIZ发展概述和基本概念　　001

1.1　TRIZ发展概述　　001
1.1.1　TRIZ理论的产生　　001
1.1.2　TRIZ理论的发展　　002
1.2　TRIZ基本概念　　004
1.2.1　功能和功能分析　　004
1.2.2　因果链分析　　005
1.2.3　理想解　　006
1.2.4　资源　　006
1.2.5　裁剪　　007
1.2.6　进化法则　　007
1.2.7　功能导向搜索　　010
1.2.8　科学效应与知识库　　011
本章习题　　011

第二章
冲突解决理论　　014

2.1　技术矛盾　　015
2.1.1　39个通用工程参数　　016
2.1.2　矛盾矩阵　　019
2.2　物理矛盾　　021
2.2.1　物理矛盾的表述形式　　021
2.2.2　物理矛盾的解决办法　　021
2.3　物理矛盾和技术矛盾之间的转化　　031
本章习题　　031

第三章
发明原理　　033

3.1　发明原理的由来　　033
3.2　40个发明原理及其应用　　034
本章习题　　047

第四章
物质-场模型分析与标准解　049

4.1　物质-场模型　049
4.1.1　物质-场模型基本概念　049
4.1.2　物质-场模型的建立　051
4.2　76个标准解法　058
4.2.1　76个标准解法概述　058
4.2.2　76个标准解法的应用　061
本章习题　062

第五章
TRIZ在装备制造业中的应用　064

5.1　降低基于滑模控制器的机器人控制系统中的抖振设计　064
5.1.1　工程项目简介　064
5.1.2　工程问题分析　064
5.1.3　TRIZ工具求解　066
5.1.4　工程问题的解　067
5.2　提高工业机器人末端执行器的更换效率　067
5.2.1　工程项目简介　067
5.2.2　工程问题分析　068
5.2.3　TRIZ工具求解　070
5.2.4　工程问题的解　072
5.3　一种碳纤维板成型模具及成型方法　073
5.3.1　工程项目简介　073
5.3.2　工程问题分析　073
5.3.3　TRIZ工具求解　074
5.3.4　工程问题的解　075
5.4　降低尺寸变化及长时间遮挡情况下目标跟踪失败率　076
5.4.1　工程项目简介　076
5.4.2　工程问题分析　076
5.4.3　TRIZ工具求解　079
5.4.4　工程问题的解　080
5.5　单芯电缆终端接头自动剥切工艺及装置设计　081
5.5.1　工程项目简介　081

5.5.2	工程问题分析	082
5.5.3	TRIZ 工具求解	087
5.5.4	工程问题的解	092

第六章
TRIZ 在化学工程中的应用　　095

6.1　TRIZ 在杨梅素的荧光分析中的应用　　095
- 6.1.1　工程项目简介　　095
- 6.1.2　工程问题分析　　095
- 6.1.3　TRIZ 工具求解　　097
- 6.1.4　工程问题的解　　099

6.2　污水处理厂超滤工艺改进——降低膜污染　　100
- 6.2.1　工程项目简介　　100
- 6.2.2　工程问题分析　　101
- 6.2.3　TRIZ 工具求解　　103
- 6.2.4　工程问题的解　　105

6.3　用于化工材料的保温存储罐　　105
- 6.3.1　工程项目简介　　105
- 6.3.2　工程问题分析　　105
- 6.3.3　TRIZ 工具求解　　106
- 6.3.4　工程问题的解　　107

6.4　用于化学教学的高效化学废气处理器　　108
- 6.4.1　工程项目简介　　108
- 6.4.2　工程问题分析　　108
- 6.4.3　TRIZ 工具求解　　109
- 6.4.4　工程问题的解　　110

第七章
TRIZ 在材料工程中的应用　　111

7.1　气态流化相变微胶囊制备工艺及设备开发　　111
- 7.1.1　工程项目简介　　111
- 7.1.2　工程问题分析　　112
- 7.1.3　TRIZ 工具求解　　115
- 7.1.4　工程问题的解　　116

7.2　基于 TRIZ 解决热冲压模具寿命低问题　　117
- 7.2.1　工程项目简介　　117

7.2.2	工程问题分析	118
7.2.3	TRIZ工具求解	121
7.2.4	工程问题的解	122

7.3　基于TRIZ理论提高低碳钢基Fe-Cr合金表面复合材料铬含量　123

7.3.1	工程项目简介	123
7.3.2	工程问题分析	124
7.3.3	TRIZ工具求解	126
7.3.4	工程问题的解	128

第八章　TRIZ在建筑工程中的应用　129

8.1　提高摩擦耗能支撑阻尼特性　129

8.1.1	工程项目简介	129
8.1.2	工程问题分析	129
8.1.3	TRIZ工具求解	131
8.1.4	工程问题的解	132

8.2　解决瓷砖铺贴不平整和空鼓问题　132

8.2.1	工程项目简介	132
8.2.2	工程问题分析	133
8.2.3	TRIZ工具求解	135
8.2.4	工程问题的解	138

8.3　新型地埋式水平垃圾压缩站　140

8.3.1	工程项目简介	140
8.3.2	工程问题分析	140
8.3.3	TRIZ工具求解	143
8.3.4	工程问题的解	144

8.4　一种填料吸收塔装置　145

8.4.1	工程项目简介	145
8.4.2	工程问题分析	146
8.4.3	TRIZ工具求解	147
8.4.4	工程问题的解	148

第九章　TRIZ在车辆工程中的应用　149

9.1　改进电动汽车动力电池运营模式　149

9.1.1	工程项目简介	149
9.1.2	工程问题分析	149
9.1.3	TRIZ工具求解	151
9.1.4	工程问题的解	152

9.2 全地形金属车轮　　153

9.2.1	工程项目简介	153
9.2.2	工程问题分析	153
9.2.3	TRIZ工具求解	156
9.2.4	工程问题的解	158

9.3 变直径车轮及移动装置　　159

9.3.1	工程项目简介	159
9.3.2	工程问题分析	159
9.3.3	TRIZ工具求解	160
9.3.4	工程问题的解	161

9.4 一种电动自行车自动驻车系统　　162

9.4.1	工程项目简介	162
9.4.2	工程问题分析	162
9.4.3	TRIZ工具求解	164
9.4.4	工程问题的解	164

第十章　TRIZ在创新设计中的应用　　165

10.1 学校用便捷太阳能电子阅览岗亭　　165

10.1.1	工程项目简介	165
10.1.2	工程问题分析	165
10.1.3	TRIZ工具求解	167
10.1.4	工程问题的解	167

10.2 基于TRIZ理论的水果采摘装置　　168

10.2.1	工程项目简介	168
10.2.2	工程问题分析	169
10.2.3	TRIZ工具求解	171
10.2.4	工程问题的解	173

参考文献　　175

第一章

TRIZ发展概述和基本概念

1.1 TRIZ发展概述

1.1.1 TRIZ理论的产生

"发明问题解决理论"——TRIZ（The Theory of Inventive Problem Solving）的出现为人们提供了一套全新的创新理论，揭开了人类创新发明史的新篇章。TRIZ是苏联发明家根里奇·阿奇舒勒带领一批学者从1946年开始，经过几十年对世界上250多万件专利文献加以搜集、研究、整理、归纳、提炼，而建立的一整套系统化、实用的解决发明问题的理论、方法和体系。阿奇舒勒以新颖的方式对专利进行分类，特别研究了专利发明家解决发明问题的思路和方法，从而发现250多万份专利中只有4万份是发明专利，其他都是某种程度的改进与完善。经过研究，他们发现：技术系统的发展不是随机的，而是遵循同样的一些进化规律，人们根据这些进化规律就可以预测技术系统未来的发展方向。他们也发现：技术创新所面临的基本问题和矛盾是相似的，而大量发明创新过程都有相似的解决问题的思路。因此，阿奇舒勒等人指出，创新所寻求的科学原理和法则是客观存在的，大量发明创新都依据同样的创新原理，并会在后来的一次次发明创新中被反复应用，只是被使用的技术领域不同而已。所以发明创新是有理论根据的，是完全有规律可以遵循的。

TRIZ理论是一门科学的创造方法学。它是基于本体论、认识论和自然辩证法产生的，也是基于技术系统演变的内在客观规律来对问题进行逻辑分析和方案综合的。它可以定向一步一步地引导人们去创新，而不是盲目地、随意地。它提供了一系列工具，包括解决技术矛盾的40个发明原理和阿奇舒勒矛盾矩阵，解决物理矛盾的4个分离原理、11个方法、76个发明问题的标准解法和发明问题解决算法（ARIZ），以及消除心理惯性的工具和资源-时间-成本算子等。它使人们可以按照解决问题的不同方法，针对不同问题，在不同阶段和不同时间去操作和执行，因此发明可以被量化进行，也可被控制，而不是仅凭灵感和悟性来完成。

重要的是，借助 TRIZ 理论，人们能够打破思维定式，拓宽思路，正确地发现产品或系统中存在的问题，激发创新思维，找到具有创新性的解决方案。同时，TRIZ 理论可以有效地消除不同学科、工程领域和创造性训练之间的界限，从而使问题得到发明创新性的解决。TRIZ 理论已运用于各行各业，世界 500 强中的多数企业都已经成功地运用 TRIZ 理论获得了发明成果。所有这一切都证明了 TRIZ 理论在广泛的学科领域和问题解决之中的有效性。

1.1.2　TRIZ 理论的发展

TRIZ 理论发源于苏联，发展于欧美。通常将 1985 年之前的阶段称为"经典 TRIZ 理论"发展阶段，之后的称为"后经典 TRIZ 理论"发展阶段。

（1）经典 TRIZ 理论发展阶段

TRIZ 理论属于苏联的国家机密，在军事、工业、航空航天等领域均发挥了巨大作用，成为创新的"点金术"，让西方发达国家一直望尘莫及。

经典 TRIZ 理论发展阶段是从 1946 年 TRIZ 理论的创始人，苏联海军专利部根里奇·阿奇舒勒着手进行发明创造方法研究开始，直至 1985 年完成发明问题解决算法 ARIZ-85 为止，共经历了约 40 年的时间。

在 TRIZ 理论诞生之前，人们通常认为发明创造是"智者"的专利，是灵感爆发的结果。纵观人类的发明史，一项发明创造或创新往往是"摸着石头过河"，没有明确的思路或方向，需要经历漫长的过程和无数次失败才能获得成功，且往往是不能够使问题得到彻底解决。

阿奇舒勒从一开始就坚信，发明创造的基本原理是客观存在的，这些原理不仅能被确认，而且还能通过整理形成一种理论，掌握该理论的人不仅能提高发明的成功率，缩短发明的周期，还可以使发明问题具有可预见性。从 1946 年开始，阿奇舒勒和他的同事对不同工程领域中 250 万篇发明专利文献进行研究、整理、归纳、提炼，发现技术系统创新是有规律可循的，并在此基础上建立了一整套体系化的、实用的解决发明问题的方法——TRIZ 理论。

TRIZ 理论的来源及内容如图 1.1 所示。

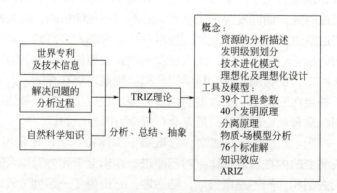

图 1.1　TRIZ 理论的来源及内容

TRIZ 理论的法则、原理、工具主要形成于 1946～1985 年间，是由阿奇舒勒亲自或直接指导他人开发的，称之为经典 TRIZ 理论。

阿奇舒勒早期的研究成果只是确认发明问题（即还没有已知解决方法的问题）至少包含着一种矛盾。因此，如果工程设计人员能在自己的系统中解决潜在的根本矛盾，那么发明问题便能得到解决，系统也能沿着自身的进化路线发展。

阿奇舒勒最早开发的TRIZ工具是ARIZ（发明问题解决算法）。ARIZ采用循序渐进的方法对问题进行分析，目的是揭示、列出并解决各种矛盾。ARIZ最初版本比较简单，仅有五个步骤，到1985年，已扩大至九个步骤。

与此同时，阿奇舒勒分析归纳出39个通用工程参数，辨别出1250多种技术矛盾，并归纳了40个发明原理，创建了矛盾矩阵表。之后，阿奇舒勒确定了解决物理矛盾的一套分离原理。

1975年前后，阿奇舒勒开发出物质-场模型分析法和76个标准解法。同40个发明原理一样，标准解法与特定的技术领域无关，具有不同技术领域的"通用性"。

阿奇舒勒认识到，对于困难的发明问题来说，通过运用物理、化学、几何和其他效应，通常能大大提高解决方案的理想度，易于方案的实施。因此，他开发出汇集多种技术效应和现象的综合性知识库，并从过去的发明数据库中归纳出涵盖各个技术领域的大量创新实例，以协助TRIZ理论使用者有效应用TRIZ工具。

（2）后经典TRIZ理论发展阶段

苏联解体后，大批TRIZ理论专家移居欧美等发达国家，TRIZ理论也随之传播到美国、西欧、日本、韩国等地，被世人所知。欧洲以瑞典皇家工科大学（KTH）为中心，其中十几家企业开始利用TRIZ理论制定创造性设计的研究计划；日本从1996年开始不断有杂志介绍TRIZ理论方法及应用实例；在美国，有关TRIZ的研究咨询机构相继成立，TRIZ理论的方法在多个跨国公司得以迅速推广并为之带来巨大收益。如福特汽车公司遇到了推力轴承在大负荷时出现偏移的问题，通过运用TRIZ理论，产生了28个新概念（问题的解决方案），其中一个非常吸引人的概念是：利用小热膨胀系数的材料制造轴承，从而很好地解决了推力轴承在大负荷时出现偏移的问题。波音公司邀请25名苏联TRIZ理论专家，对波音公司的450名工程师进行了两星期培训和组织讨论，取得了767空中加油机研发的关键技术突破，从而战胜空中客车公司，赢得了15亿美元空中加油机订单。2003年，"非典型肺炎"肆虐中国及全球的许多国家，新加坡的TRIZ理论研究人员利用TRIZ理论的40个发明原理，提出了防止"非典型肺炎"的一系列方法，其中许多措施被新加坡政府采用，收到了非常好的效果。

TRIZ理论引入中国的时间较短，20世纪90年代，我国的少数科研人员和学者开始了解TRIZ理论并进行自发研究和应用，如河北工业大学以檀润华教授为首的创新方法研究所早在21世纪初就开展了深入的TRIZ理论研究工作。2001年，亿维讯公司将TRIZ理论培训引入中国，开始了TRIZ理论在中国的应用和推广。2007年，科技部正式批准黑龙江省和四川省为"科技部技术创新方法试点省"。2007年，黑龙江省科技厅充分发挥与俄罗斯一江之隔的地缘优势，在黑河市举办了"黑龙江省第一期技术创新方法（TRIZ理论）培训班"，聘请俄罗斯共青城工业大学TRIZ理论专家授课，从此真正开始了TRIZ理论的中国时代。

2008年，由黑龙江省科学技术厅、黑龙江省教育厅联合主办，黑龙江中俄科技合作及产业化中心承办的"黑龙江省高校技术创新方法（TRIZ理论）培训班"在哈尔滨市举办。2008年开学伊始，黑龙江省各高校相继在本科生中开始了TRIZ理论选修课的教学工作。黑龙江省几所大学相继建立"TRIZ理论实验室"，成立"TRIZ理论研究所"，开展了对俄科技交流合作，聘请俄罗斯资深TRIZ理论专家为顾问，开展了TRIZ理论的研究与推广工作。至此，TRIZ理论在高校的推广工作在黑龙江省已经全面展开。

（3）TRIZ理论的未来发展

目前，TRIZ理论主要应用于技术领域的创新，实践已经证明了其在创新发明中的强大威力和作用，而在非技术领域的应用尚需时日。这并不是说TRIZ理论本身具有无法克服的局限性，任何一种理论都有一个产生、发展和完善的过程。TRIZ理论目前仍处于"婴儿期"，还远没有达到纯粹科学的水平，称为方法学是合适的，它的成熟还需要一个比较漫长的过程。其实就经典TRIZ理论而言，它的法则、原理、工具和方法都是具有"普适"意义的，例如完全可以应用其40个发明原理解决现实生活中遇到的许多"非技术性"的问题。

TRIZ理论作为知识系统最大的优点在于：其基础理论不会过时，不会随时间而变化。

由于TRIZ理论本身还远没有达到"成熟期"，其未来的发展空间是巨大的，归纳起来主要有5个发展方向：

① 技术起源和技术演化理论。
② 克服思维惯性的技术。
③ 分析、明确描述和解决发明问题的技术。
④ 指导建立技术功能和特定设计方法、技术及自然知识之间的关系。
⑤ 先进技术领域的发展和延伸。

此外，将TRIZ理论与其他方法相结合，弥补TRIZ理论的不足，已经成为设计领域的重要研究方向。

需要重点说明的是，TRIZ理论在非技术领域应用研究的前景是十分广阔的，只有达到了解决非技术问题的工具水平，TRIZ理论才真正地进入了"成熟期"。

1.2 TRIZ基本概念

1.2.1 功能和功能分析

功能是指一个组件改变或保持了另一个组件的某个参数的行为。它的描述方式如图1.2所示。

功能的载体是指执行功能的组件。功能的对象是指某个参数由于功能的作用而得到保持或发生了改变的组件，即接受功能的组件。参数是指组件可以比较、测量的某个属性，比如温度、位置、重量、长度等。例如，车移动人，就是一个正确的功能描述。因为车移动人这个功能改变了人的位置，人是功能的对象，车是功能的载体，如图1.3所示。

再比如日常生活中用热水器烧水，也是一个正确的功能描述，因为热水器改变了水的温度，加热器是功能的载体，水是功能的对象，如图1.4所示。

图1.2 功能的描述

图1.3 车移动人的功能描述

图1.4 热水器加热水的功能描述

功能分析是一种分析问题的工具,是一种识别系统和超系统组件的功能、特点及其成本的分析工具。它主要用来识别后期需要解决的问题,功能分析在现代TRIZ理论中的位置如图1.5所示。

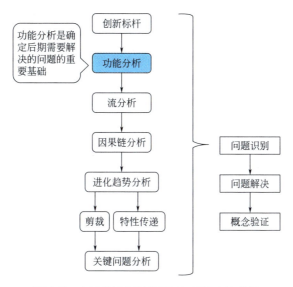

图1.5 功能分析在现代TRIZ理论中的位置

1.2.2 因果链分析

因果链分析是全面识别工程系统缺点的分析工具。与功能分析等工具不同的是,因果链分析可以挖掘隐藏于初始缺点背后的各种缺点。对于每一个初始缺点,通过多次问"为什么这个缺点会存在",就可以得到一系列的原因,将这些原因连接起来,就像一条一条的链条,因此称为因果链。随着不断地追问,就可能发现已经找到的原因背后还有其他的因素在起作用。一直追问下去,直到以物理、化学、生物或者几何等领域的极限为终点。

如图1.6所示,现代TRIZ理论中的问题分析工具(功能分析和流分析)是为了揭示工程系统的缺点。这些工具的分析结果都可以作为因果链分析的已知条件(输入),因此因果链分析可以比较全面地揭示工程系统各种不同层次的缺点。通过因果链分析出来的诸多缺点,有些缺点容易解决,有些缺点不容易解决,可以选择那些容易解决的缺点入手来解决问题。所以找到的缺点越多,可选择的余地就越大。现代TRIZ理论的一个重要特点就是转换问题,即不去解决最开始遇到的初始问题,而是使用各种问题分析工具找到隐藏于初始问题背后的问题加以解决。

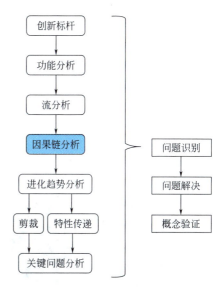

图1.6 因果链分析在现代TRIZ理论体系中的位置

1.2.3 理想解

产品处于理想的状态的解称为最终理想解。在解决问题之初,首先抛开各种客观限制条件,克服惯性思维,通过理想化来定义问题的最终理想解（Ideal Final Result，IFR），明确理想解所在的方向和位置,保证在问题解决过程中沿着此目标前进并获得最终理想解,从而避免了传统创新设计方法中缺乏目标的弊端,提高了创新设计的效率。尽管在产品进化的某个阶段,不同产品进化的方向各异,但如果将所有产品作为一个整体,则低成本、高功能、高可靠性、无污染等是产品的理想状态。

最终理想解具有以下几个特点：
① 保持了原系统的优点。
② 消除了原系统的不足。
③ 没有使系统变得更复杂。
④ 没有引入新的缺陷等。

在解决发明问题的过程中,虽然无法确知如何消除矛盾,但总有可能归纳出理想化的解决方案,得到一个理想化的最终结果。

所有的系统都是朝着提高理想化程度的方向发展,理想化是科学研究中创造性思维的基本方法之一。它主要是在大脑之中设立理想的模型,通过理想实验的方法来研究客观客体运动的规律。理想化模型包含所需要解决的问题中涉及的所有要素,可以是理想系统、理想过程、理想资源、理想方法、理想机器、理想物质等。

1.2.4 资源

所谓资源,特别是自然资源,是指在一定时间、地点条件下,能够产生经济价值,以提高人类当前和将来福利的自然环境因素的总称。而在实现系统功能时,资源在绝大多数情况下都是必需的。因为在绝大多数情况下资源的浪费就是最大的浪费,而资源的消耗通常也是理想化过程中所占比重最大的有害功能之一,对于一些不可再生资源更是如此。所以在创造发明中对资源问题作完整的、充分的思考是至关重要的,当系统的现实理想化程度越接近理论理想化时,资源的问题将变得更为突出。

系统的内部资源是系统内部所具有的资源,而外部资源则是不属于系统的资源。系统外部资源的构成比较复杂,它可能是属于超系统的,可能是属于超系统内的其余系统的,也可能是属于环境的。根据资源定义的广义性,以及系统在发明创造过程中的可变性,外部资源和内部资源之间存在一定的互变性,在很多情况下只能是一个相对的概念。

在资源的使用中,首先应该考虑的是内部已有的资源,其次是外部资源中的免费资源,再次是外部资源中的非免费资源,最后才考虑是否新增资源。比如要检测滑动轴承工作状态的好坏,有多种方法。可以利用滑动轴承（图1.7）处于混合润滑状态时,不同的金属接触比例必然导致接触电阻变化这一

图1.7 滑动轴承

现象（内部资源），通过测量轴与轴承间的接触电阻的变化，并用分析软件（可能是外部资源）进行轴承的工作性能分析；还可以根据磨损将产生磨屑这一事实，定期在油箱内取油样（环境资源），并送专用设备（外部资源）进行铁谱分析。

1.2.5 裁剪

裁剪是一种现代TRIZ理论中分析问题的工具，是指将一个或一个以上的组件去掉，而将其所执行的有用功能利用系统或超系统中的剩余组件来替代的方法。换句话说，裁剪通过"教会"系统或超系统的其他组件执行被裁剪组件的有用功能的方式，来保留系统的功能。裁剪后的工程系统成本更低，更加简洁，可靠性也可以提高。工程系统的价值也可以相应提高。

假设一个功能的载体执行了以下功能，如图1.8所示。

裁剪规则1：如果有用功能的对象被去掉了，那么功能载体是可以被裁剪掉的，如图1.9所示。

图1.8 功能的载体执行的一个有用功能　　　　图1.9 裁剪规则1

裁剪规则2：如果有用功能的对象自己可以执行这个有用功能，那么功能载体是可以被裁剪掉的，如图1.10所示。

裁剪规则3：如果能从系统或者超系统中找到另外一个组件执行有用功能，那么功能的载体是可以被剪裁掉的，如图1.11所示。

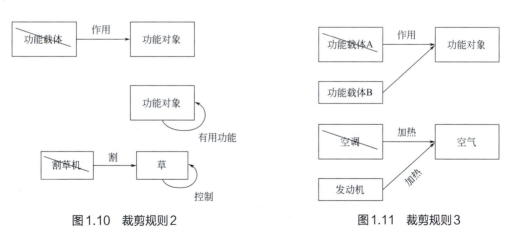

图1.10 裁剪规则2　　　　　　　　　　图1.11 裁剪规则3

1.2.6 进化法则

阿奇舒勒及其弟子们认真研究了大量工程系统的进化过程后，归纳出了工程系统进化法则，包括S曲线和八大进化法则。

1.2.6.1 S曲线进化法则

S曲线进化法则是指任何工程系统的发展随着时间的推移都不是线性的，而是呈现英文字母"S"的形状。与人的成长类似，可以分为第一阶段——婴儿期、第二阶段——成长期、第三阶段——成熟期和第四阶段——衰亡期，每一个阶段在工程系统的背后都有驱动力使其处于某个阶段，并且有相应的特点，如图1.12所示。

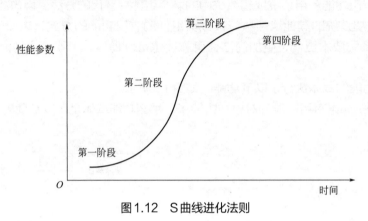

图1.12　S曲线进化法则

在经典TRIZ理论中，主要以性能参数、专利数量、发明级别以及经济效益来判断一个产品或者技术处于S曲线的哪个阶段，如图1.13所示。

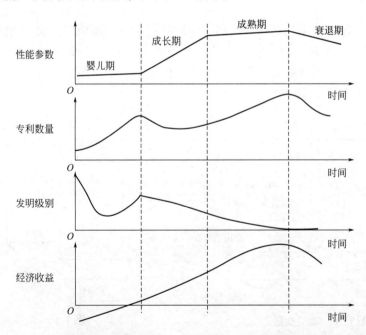

图1.13　S曲线对应的性能参数、专利数量、发明级别和经济收益曲线

图1.13从性能参数、专利数量、发明级别、经济收益4个方面展示了工程系统在各个阶段的特点。S曲线进化法则是一个重要的技术进化法则。它描述了一个工程系统的主要性能参数，随时间的延续呈现S形曲线。应用S曲线进化法则，能够有效预测工程系统的进化阶

段。经典TRIZ理论中有两种方式可以确定S形曲线的阶段：专利数量和发明级别。

用专利数量确定S形曲线的阶段，以时间为变量，分析专利数量，来提高技术系统的性能参数。

一个特定系统产生的专利数量变化随S曲线各阶段变化情况如下：

① 处于婴儿期的系统产生的专利数量较少，但专利的级别很高。

② 当系统进入成长阶段，产业发展带来技术需求剧增，产生大量的授权专利，促进技术系统完善。

③ 当系统进入成熟期，工程师努力延长系统的生命周期，使得这个阶段专利数量一直处于增长状态，即使增长速率较慢，发明的级别也较低。

④ 当工程系统进入衰亡期，市场份额急剧减少。人们已经没有兴趣对其进行新的开发，因此专利数量和发明级别都降低。

1.2.6.2 八大进化法则

（1）提高理想度法则

提高理想度法则是指工程系统在进化时，理想度等于所有有用功能之和除以所有成本之和与所有有害功能之和，即理想度 $= \dfrac{\Sigma 所有有用功能}{\Sigma 所有成本 + \Sigma 所有有害功能}$。理想度应该保持增长，不可能降低，无论通过何种方法，有可能是增加有用功能，或是降低成本，或者成本增加但有用功能显著增加等。工程系统的理想度的提高，是推动系统进化的主要动力。

例如，目前通信工具的迅猛发展，是工程系统向提高理想度法则进化的典型实例。它们的性能在不断提高，但成本却在持续降低，即使偶尔出现价格上涨，也以大幅度提高性能为前提，从而保证理想度的提升。

（2）子系统不均衡进化法则

一般来说，工程系统由多个实现各自功能的子系统组成。子系统不均衡进化法则是指工程系统在进化时，每个子系统都是根据自己的时间进度按照自身的S曲线进化的。不同子系统进化的优先级是不同的，有的子系统进化得快，有的子系统进化得非常缓慢，每个子系统及子系统间的进化都存在着不均衡。系统中最先到达其极限的子系统将抑制整个系统的进化，系统的进化水平取决于该系统。系统越复杂，其各部分的发展就越不均衡。

利用子系统不均衡进化法则，可帮助人们发现工程系统中低理想度的子系统。改进那些不理想的子系统，或者使用较先进的子系统替代它们，则可以最小成本来改进系统的性能参数。

（3）动态性和可控性进化法则

动态性和可控性进化法则是指工程系统在进化时，获得的自由度越来越多，呈现出越来越动态化的趋势。

（4）子系统协调性进化法则

子系统协调性进化法则是指工程系统沿着各子系统之间，以及工程系统和超系统之间更协调的方向进化，会逐步与超系统、与主要功能的对象以及子系统之间相协调，以提高其性能。

（5）向微观级和场的应用进化法则

向微观级和场的应用进化法则是指在工程系统进化过程中，系统开始转向利用越来越高级别的物质和场，以获得更高的性能或控制性。一般主要通过系统微观化、增加离散度、转化到高效的场、增加场效率等路径实现。

（6）增加集成度再进行简化法则

增加集成度再进行简化法则是指技术系统趋向于首先向集成度增加的方向进化，紧接着再进行简化。如先增加集成系统功能的数量和质量，然后用更简单的系统提供相同或更好的性能来进行替代。一般通过四条路径实现，即增加集成度路径、简化路径、单-双-多路径、子系统分离路径。

（7）能量传递法则

每个技术系统都有一个能量传递系统，将能量从动力装置经传动装置传递到执行装置。能量传递法则是指能量在从能量源传递到执行装置的时候能量损失最小，途经路径较短，能量转化的形式尽可能少。

（8）组成系统的完备性法则

组成系统的完备性法则是指一个工程系统要能够正常工作，必须具备4个功能模块，即执行机构、传动机构、能量源机构和控制机构。有些工程系统在进化的时候，会逐步获得这些机构，成为其工程系统的一部分。

1.2.7 功能导向搜索

功能导向搜索已经成为现代TRIZ理论中一个重要的解决问题的工具。它所搜索的是经过一般化处理过的功能化模型。对于功能的定义，在前面的功能分析部分已经有了非常详细的介绍。大多时候，虽然期望的搜索结果是某个功能的载体，其实真正需要的却是它的功能。比如说，搜索结果为灯泡，其实真正需要的是它的功能，也就是产生光。再比如，与其说需要一个吸尘器，不如说真正需要的是清除地面上的灰尘，也就是它的功能。

一般来说，运用关键词在搜索引擎中搜索时，很难突破所处的领域而将其他领域的解决方案搜索出来。究其原因，主要是因为在搜索的时候使用了专业术语，比如使用化石复原进行搜索，就会将搜索内容限制在考古领域进行选择，找到并运用其他领域的解决方案的可能性就很小了。

为了解释一般化的功能，来先看以下几个例子。在半导体领域，有一种技术叫作蚀刻，也就是把半导体衬底表面很薄的一层材料去掉；在考古的时候，需要把古董表面的一些灰尘给去掉，让老古董露出它的本来面貌；在医学领域，牙科医生需要将牙齿表面上的牙屑去掉，也就是洗牙。虽然在不同的领域它们所用的术语都是不一样的，但是它们一般化的功能是相同的，也就是从物体表面去除微小的颗粒。

在解决项目问题的时候，往往会遇到这样一种尴尬的局面，即希望找一种全新的解决方案，但当全新的解决方案产生时，随即出现一个很大的疑问——这种解决方案是否可行？因为关于解决方案的背景经验有限，不太清楚这种全新的解决方案是否容易实施，因而有很大的不确定性，实施起来的风险也比较大。但如果这种全新的解决方案已经在其他领域有成熟的应用，那么就非常容易把这种解决方案移植到所研究的工程系统中，来解决问题。也就是说，这个解决方案在某个研究领域里虽然是全新的，但在其他领域中，该解决方案非常成熟。在其他领域中，已经有相当成熟的应用经验，也就是说，在另外一个领域里，该方案并不是一个新的解决方案。如果把这个成熟的解决方案移植到目标项目之中，就有可能解决项目中的问题，而且这个解决方案是低风险的、低成本的，因为在其他领域里，已经有相当丰富的应用经验了。这样，功能导向搜索就解决了一个矛盾，解决方案既是全新的，又是成熟的。

1.2.8 科学效应与知识库

TRIZ 理论中，要按照"从技术目标到实现方法"的方式组织效应库，发明者可根据 TRIZ 的分析工具决定需要实现的"技术目标"，然后选择需要的"实现方法"，即相应的科学效应。传统的科学效应多为按照其所属领域进行组织和划分，侧重于效应的内容、推导和属性的说明。由于发明者对自身领域之外的其他领域知识通常具有相当的局限性，造成了效应搜索的困难。而 TRIZ 的效应库的组织结构，便于发明者对效应进行应用。

应用科学效应和现象的步骤有以下 6 个。

① 明确问题。首先对系统进行分析，确定需要解决的问题。

② 确定功能。根据所要解决的问题，定义并确定解决该问题所要实现的功能。

③ 查找功能代码。根据功能查找确定与此功能相对应的代码，此代码是 F1～F30 中的某一个。

④ 查询科学效应库。查找此功能代码下 TRIZ 所推荐的科学效应和现象，获得 TRIZ 所推荐的科学效应和现象名称。

⑤ 效应筛选。分析所查询到的每个科学效应和现象，择优选择适合解决本问题的科学效应和现象。

⑥ 形成解决方案。查找优选出来的每个科学效应和现象的详细解释，将科学效应和现象应用于功能实现，并验证方案的可行性，形成最终的解决方案。如果问题没能得到解决或功能无法实现，请重新分析问题或查找合适的效应。

 本章习题

一、单选题

1．"创新"一词最早由（　　）提出。

　　A．彼得·圣吉

　　B．约瑟夫·熊彼得

　　C．肯特

　　D．彼得·德鲁克

2．一般认为，创新分为五种：一是引入一种新产品，二是引入一种新的生产方法（新工艺），以下不属于剩余三种创新定义的是（　　）。

　　A．获得原材料或半成品的一种新的供应来源（新材料）

　　B．开辟一个新市场

　　C．实现经济利润

　　D．实现新的组织形式和管理模式

3．TRIZ 理论的产生是基于对（　　）的研究。

　　A．成果

B. 发明
C. 专利
D. 技术

4. 技术系统之外的系统，称之为（ ）。
   A. 超系统
   B. 系统组件
   C. 外系统
   D. 子系统

5. 以下不属于经典TRIZ理论的专用术语（ ）。
   A. 理想度
   B. 功能
   C. 超效应
   D. 矛盾

6. 制度创新与技术创新的本质区别在于（ ）。
   A. 是否依存于政策制定者的抉择
   B. 是否依存于灵感的来源
   C. 是否依存于新发明的出现
   D. 是否依存于物质资本的寿命长短

7. 阿奇舒勒将发明创新划分成了5个级别，其中大型发明问题是（ ）。
   A. 五级发明
   B. 一级发明
   C. 三级发明
   D. 四级发明

8. 应用TRIZ理论解决问题时，问题识别阶段的重点是对工程系统进行全面分析并且识别（ ）来解决。
   A. 正确的问题
   B. 正确的缺点
   C. 关键的问题
   D. 关键的缺点

9. 关于ARIZ叙述，错误的是（ ）。
   A. 发明问题解决算法的英文缩写
   B. 英文缩写为AIPS
   C. 是发明问题解决过程中应遵循的理论方法和步骤
   D. 是基于技术系统进化法则的一套完整问题解决的程序

10. 应用TRIZ理论解决问题时，（　　）是通过考量一系列解决方案，根据项目的具体要求，来决定哪个方案将会被最终实施。

　　A. 次级评估

　　B. 方案验证

　　C. 超效应分析

　　D. 概念评估

二、填空题

1. ＿＿＿＿＿＿＿是研究人类进行发明创造、解决技术难题过程中所遵循的科学原理和法则。将之归纳总结后，形成能指导实际新产品开发的理论方法体系。

2. ＿＿＿＿＿＿＿是包含需求分析、概念设计、技术设计及详细设计的复杂过程。

3. 功能是概念设计中的＿＿＿＿＿＿＿，这一观点在各种设计理论和方法中得到了广泛的认同。

4. 功能包括＿＿＿＿＿＿＿、＿＿＿＿＿＿＿、＿＿＿＿＿＿＿、＿＿＿＿＿＿＿。

5. 理想化分为局部理想化与全局理想化两类。＿＿＿＿＿＿＿是指对于选定的原理，通过不同的实现方法使其理想化；＿＿＿＿＿＿＿是指对同一功能，通过选择不同的原理使之理想化。

6. 如果将所有产品作为一个整体，低成本、高功能、高可靠性、无污染等是产品的理想状态，此时产品处于理想状态的解称为＿＿＿＿＿＿＿。

7. 产品进化的过程是产品由低级向高级进化的过程，进化的极限状态是＿＿＿＿＿＿＿，而进化的中间状态是＿＿＿＿＿＿＿。

8. 采用全新的原理完成已有系统基本功能的新解，解的发现主要是从科学的角度而不是从工程的角度，此类发明为＿＿＿＿＿＿＿。

9. 将复杂系统分解为简单系统是常用的分析方法。在TRIZ中，＿＿＿＿＿＿＿是帮助设计者进行这种分解的图形工具。

10. ＿＿＿＿＿＿＿由知识（包括理论、事实、设想、概念、设计、过程等）、能力、技巧等构成，这些知识、能力或技巧是进化的结果。

三、简答题

1. 简述TRIZ创新理论体系。

2. 按照TRIZ理论，发明分为几个等级？有何意义？

3. 简述工程技术问题的解决过程。

第二章

冲突解决理论

TRIZ理论认为，发明问题的核心是解决矛盾，系统的进化就是不断发现矛盾并解决矛盾，从而向理想化不断靠近的过程。

阿奇舒勒通过对大量发明专利的研究，总结出工程领域内常用的表述系统性能的39个通用工程参数和由其组成的矛盾矩阵，能有效解决系统中的技术矛盾，这是TRIZ理论的重要组成部分。通过对系统进行技术矛盾的参数化定义，然后查阅阿奇舒勒矛盾矩阵，即可找到相对应的发明原理，从而使问题得到解决。本章内容与第三章讲解的40个发明原理关系密切，需要结合起来使用。

（1）系统中的矛盾

任何产品作为一个系统，都包含一个或多个功能，为了实现这些功能，产品要由具有相互关系的多个零部件组成。为了提高产品的市场竞争力，需要不断对产品进行改进设计。当改变某个零件、部件的设计，即提高产品某些方面的性能时，可能会影响到与这些被改进设计零部件相关联的零部件，结果可能使产品或系统另一些方面的性能受到影响。如果这些影响是负面影响，则设计出现了矛盾。

例如，自行车车闸的改进设计。目前的自行车车闸使用效果很容易受到天气的影响，如下雨天，车轮瓦圈表面与闸皮之间的摩擦系数降低，减少了摩擦力，降低了骑车人的安全性。一种改进设计为可更换闸皮型，即有两类闸皮，好天气用一类，雨天换为另一类。设计中的矛盾为：将闸皮设计成可更换型，增加了骑车人的安全性，但必须备有可用闸皮，而且还要更换，使操作变得复杂。

TRIZ理论认为，发明问题的核心是解决矛盾，未克服矛盾的设计不是创新设计。产品或系统的进化过程就是不断解决产品所存在的矛盾的过程。设计人员在设计过程中不断地发现矛盾并解决矛盾，是推动系统向理想化方向进化的动力。

（2）矛盾的分类

阿奇舒勒将矛盾分为三类，即管理矛盾、技术矛盾和物理矛盾。

管理矛盾是指为了避免某些现象或希望取得某些结果，需要做一些事情，但不知如何去做。例如，希望提高产品质量、降低原材料的成本，但不知方法。TRIZ理论认为，管理矛盾是非标准的矛盾，不能被直接消除，通常是转化为技术矛盾或物理矛盾来解决的。

技术矛盾，又称技术冲突，是指一个作用同时导致有用及有害两种结果，也可指有用作用的引入或有害效应的消除导致一个或几个子系统或系统变坏。技术矛盾表现为系统中两个参数之间的矛盾。

物理矛盾，又称物理冲突，是指为了实现某种功能，一个子系统或元件应具有一种特性，但同时出现了与此特性相反的特性。

2.1 技术矛盾

技术矛盾是由系统中两个因素导致的，这两个因素相互促进、相互制约。所有的人工系统、机器、设备、组织或工艺流程，它们都是相互联系、相互作用的各种因素的综合体。TRIZ理论将这些因素总结成通用参数，来描述系统性能，如速度、强度、温度、可靠性等。如果改进系统中一个元素的参数，而引起了系统中另一个参数的恶化，就是同一系统不同参数之间产生了矛盾，称之为技术矛盾，即参数间的矛盾。

 织物印花操作装置中的技术矛盾。

图2.1为织物印花操作装置原理图。该装置由橡胶辊、图案辊、染料溶液、染料槽、刮刀组成，橡胶辊与图案辊处于旋转状态，并驱动待印花织物运动。待印花织物通过橡胶辊与图案辊之间时，由于橡胶辊对图案辊的压力，使图案辊的图案凹陷处出现真空，真空使染料溶液吸附到织物上，从而完成印花的功能。本装置的制品是印花织物，织物被两个辊子驱动的线速度与织物的成本有直接关系。线速度越高，生产率越高，织物成本越低，设备的生产能力越高，这是任何企业都需要的。但提高线速度时，会使织物上图案的颜色深度降低，即制品质量降低。如何既提高织物的线速度，又不降低制品质量，是改进图2.1装置应考虑的问题，该问题形成一个技术矛盾。

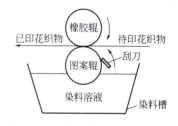

图2.1 织物印花操作装置原理图

技术矛盾出现的几种情况如下。

① 在一个子系统中引入一种有用功能，导致另一个子系统产生一种有害功能，或加强了已存在的一种有害功能；

② 消除一种有害功能导致另一个子系统有用功能变差；

③ 有用功能的加强或有害功能的减少使另一个子系统或系统变得太复杂。

对于一个技术系统，通常先对系统的内部构成和主要功能进行分析，并用语言进行描述，再确定应该改善或去除的特性以及由此带来的不良反应，最后确定技术矛盾，再用TRIZ理论解决技术矛盾的专门方法进行解决。

2.1.1 39个通用工程参数

（1）39个通用工程参数概述

由于产品设计中的矛盾是普遍存在的，应该有一种通用化、标准化的方法描述设计中的矛盾，设计人员使用这些标准化的方法共同研究与交流将促进产品创新。

TRIZ理论提出用39个通用工程参数描述矛盾，实际应用中，首先要把一组或多组矛盾均用39个通用工程参数来表示，利用该方法把实际工程设计中的矛盾转化为一般的或标准的技术矛盾。

39个通用工程参数中常用到运动物体与静止物体两个术语。运动物体是指自身或借助于外力可在一定的空间内运动的物体。静止物体是指自身或借助于外力都不能使其在空间内运动的物体。而物体也可理解为一个系统。表2.1是39个通用工程参数名称的汇总。

表2.1 39个通用工程参数名称汇总

序号	参数	序号	参数	序号	参数
1	运动物体的重量	14	强度	27	可靠性
2	静止物体的重量	15	运动物体的作用时间	28	测量精度
3	运动物体的长度	16	静止物体的作用时间	29	制造精度
4	静止物体的长度	17	温度	30	作用于物体的有害因素
5	运动物体的面积	18	照度	31	物体产生的有害因素
6	静止物体的面积	19	运动物体的能量消耗	32	可制造性
7	运动物体的体积	20	静止物体的能量消耗	33	可操作性
8	静止物体的体积	21	功率	34	可维修性
9	速度	22	能量损失	35	适应性及多用性
10	力	23	物质损失	36	系统的复杂性
11	应力或压强	24	信息损失	37	控制和测试的复杂性
12	形状	25	时间损失	38	自动化程度
13	稳定性	26	物质的量	39	生产率

通用工程参数代表的意义通常不只包括其字面意思的简单内涵，还包括其扩展的外延含义。下面给出39个通用工程参数的定义。

① 运动物体的重量：运动物体的重量是指重力场中的运动物体，作用在防止其自由下落的悬架或水平支架上的力。

② 静止物体的重量：静止物体的重量是指重力场中的静止物体，作用在防止其自由下落的悬架、水平支架上或者放置该物体在一个平面上的平面所受的力。

③ 运动物体的长度：运动物体的长度是指运动物体上的任意线性尺寸，它不一定是最长的长度。它不仅可以是一个系统的两个几何点或零件之间的距离，而且可以是一条曲线的长度或一个封闭环的周长。

④ 静止物体的长度：静止物体的长度是指静止物体上的任意线性尺寸，它不一定是最

长的长度。它不仅可以是一个系统的两个几何点或零件之间的距离，而且可以是一条曲线的长度或一个闭环的周长。

⑤ 运动物体的面积：运动物体的面积是指运动物体被线条封闭的一部分或表面的几何度量，或者运动物体内部或外部表面的几何度量。面积是以填充平面图形的正方形个数来度量的。面积不仅可以是平面轮廓的面积，也可以是三维表面的面积，或一个三维物体所有平面、凸面或凹面的面积之和。

⑥ 静止物体的面积：静止物体的面积是指静止物体被线条封闭的一部分或表面的几何度量，或者静止物体内部或外部表面的几何度量。

⑦ 运动物体的体积：运动物体的体积以填充运动物体或者运动物体占用的单位立方体个数来度量。体积不仅可以是三维物体的体积，也可以是与表面结合、具有给定厚度的一个层的体积。

⑧ 静止物体的体积：静止物体的体积以填充静止物体或者静止物体占用的单位立方体个数来度量。

⑨ 速度：速度是指物体的速度，或者过程、作用与时间之比。

⑩ 力：力是物体（或系统）间相互作用的度量。在牛顿力学中力是质量与加速度之积，在TRIZ理论中力是试图改变物体状态的任何作用。

⑪ 应力或压强：应力或压强是指作用在系统上的力及其量的强度；单位面积上的力。

⑫ 形状：形状是一个物体的轮廓或外观。形状的变化可能表示物体的方向性变化或者物体在平面和空间两方面的形变。

⑬ 稳定性：稳定性是指物体的组成和性质（包括物理状态）不随时间变化而变化的性质，它表示物体的完整性或者组成元素之间的关系。磨损、化学分解及拆卸都代表稳定性降低。

⑭ 强度：强度是指物体在外力作用下抵制使其发生变化的能力，或者在外部影响下抵抗破坏（分裂）和不可逆变形的性质。

⑮ 运动物体的作用时间：运动物体的作用时间是指运动物体具备其性能或者完成作用的时间、服务时间，以及耐久时间等。两次故障之间的平均时间也是作用时间的一种度量。

⑯ 静止物体的作用时间：静止物体的作用时间是指静止物体具备其性能或者完成作用的时间、服务时间，以及耐久时间等。两次故障之间的平均时间也是作用时间的一种度量。

⑰ 温度：温度是指物体所处的热状态，代表宏观系统热动力平衡的状态特征。它还包括其他热学参数，比如影响温度变化速率的热容量。

⑱ 照度：照度是指照射到物体某一表面上的光通量与该表面面积的比值，也可以理解为物体的适当亮度、反光性和色彩等。

⑲ 运动物体的能量消耗：运动物体的能量消耗是指运动物体执行给定功能所需的能量，还包括消耗的超系统提供的能量。

⑳ 静止物体的能量消耗：静止物体的能量消耗是指静止物体执行给定功能所需的能量，还包括消耗的超系统提供的能量。

㉑ 功率：功率是指物体在单位时间内完成的工作量或者消耗的能量。

㉒ 能量损失：能量损失是指做无用功消耗的能量。减少能量损失有时需要应用不同的

技术来提升能量利用率。

㉓ 物质损失：物质损失是指部分或全部、永久或临时的材料、部件或者子系统等物质的损失。

㉔ 信息损失：信息损失是指部分或全部、永久或临时的数据损失，后序系统获取的数据损失经常也包括气味、材质等感性数据。

㉕ 时间损失：时间损失是指一项活动持续的时间，改善时间损失一般指减少活动所需时间。

㉖ 物质的量：物质的量是指物体（或系统）的材料、物质、部件或者子系统的数量，它们一般能全部或部分、永久或临时改变。

㉗ 可靠性：可靠性是指物体（或系统）在规定的方法和状态下完成规定功能的能力。可靠性常常可以理解为无故障操作概率或无故障运行时间。

㉘ 测量精度：测量精度是指系统特性的测量结果与实际值之间的偏差程度。例如，减小测量中的误差可以提高测量精度。

㉙ 制造精度：制造精度是指所制造产品的性能特征与图纸技术规范和标准所预定参数的一致性程度。

㉚ 作用于物体的有害因素：作用于物体的有害因素是指环境（或系统）其他部分对于物体的（有害）作用，它使物体的功能参数退化。

㉛ 物体产生的有害因素：物体产生的有害因素是指降低物体（或系统）功能的效率或质量的有害作用。这些有害作用一般来自物体或者作为其操作过程一部分的系统。

㉜ 可制造性：可制造性是指物体（或系统）制造构件过程中的方便或者简易程度。

㉝ 可操作性：操作过程中需要的人数越少，操作步骤越少，使用工具越少，代表方便性越高，同时还要保证较高的产出。

㉞ 可维修性：对于系统可能出现失误所进行的维修要时间短、方便和简单。

㉟ 适应性及多用性：适应性及多用性是指物体（或系统）积极响应外部变化的能力，或者在各种外部影响下以多种方式发挥功能的可能性。

㊱ 系统的复杂性：系统的复杂性是指系统元素及其之间相互关系的数目和多样性，如果用户也是系统的一部分，将会增加系统的复杂性，掌握该系统的难易程度是其复杂性的一种度量。

㊲ 控制和测量的复杂性：控制和测量的复杂性是指测量或者监视一个复杂系统需要高成本、较长时间和较多人力去实施和使用，或者部件之间关系太复杂而使得系统的检测和测量困难。为了使测量误差低于一定的误差值而导致成本提高，也是一种测试复杂性增加的表现。

㊳ 自动化程度：自动化程度是指物体（或系统）在无人操作时执行其功能的能力。自动化程度的最低级别是完全手工操作工具；中等级别则需要人工编程监控操作过程，或者根据需要调整程序；最高级别的自动化则是机器自动判断所需操作任务，自动编程，对操作自动监控。

㊴ 生产率：生产率是指单位时间系统执行的功能或者操作的数量，或者完成一个功能或操作所需时间以及单位时间的输出，或者单位输出的成本等。

（2）39个通用工程参数的分类

39个通用工程参数依据不同的分类方法可有不同的分类：

① 按39个通用工程参数的定义特点分类：

为应用方便和便于掌握规律，按参数自身定义的特点，将39个通用工程参数分为以下三大类。

a. 物理及几何参数：是描述物体的物理及几何特性的参数，共15个，包括的通用工程参数为①~⑫，⑰，⑱，㉑。

b. 技术负向参数：是指这些参数变大时，使系统或子系统的性能变差，共11个，包括的通用工程参数有⑮，⑯，⑲，⑳，㉒~㉖，㉚，㉛。

c. 技术正向参数：是指这些参数变大时，使系统或子系统的性能变好，共13个，包括的通用工程参数为⑬，⑭，㉗~㉙，㉜~㊴。

② 按系统改进时通用工程参数的变化分类：按系统改进时通用工程参数的变化，可分为改善的参数、恶化的参数两大类。

a. 改善的参数：系统改进时，提升和加强的特性所对应的通用工程参数为改善的参数。

b. 恶化的参数：系统改进时，在某个通用工程参数获得提升的同时，必然会导致其他一个或多个通用工程参数变差，这些变差的通用工程参数称为恶化的参数。

改善的参数与恶化的参数就构成了系统内部的技术矛盾。例如，要想提高轴的强度，就会增加轴的截面积，从而导致轴的质量增加。欲改善的参数是⑭强度，欲恶化的参数是②静止物体的重量。

不同领域中，虽然人们所面临的矛盾问题不同，但如果用39个通用工程参数来描述矛盾，就可以把一个具体问题转化为一个TRIZ问题，然后用TRIZ的工具方法去解决矛盾。通用工程参数是连接具体问题与TRIZ理论的桥梁，是开启问题之门的第一把"金钥匙"。

2.1.2 矛盾矩阵

当技术系统的某一个参数得到改善的同时，若导致另一个参数发生恶化，就产生了技术矛盾。阿奇舒勒通过对大量专利的研究、分析、比较、统计，归纳出了当39个通用工程参数中的任意2个参数产生矛盾时，化解该矛盾所使用的40个创新原理。阿奇舒勒将通用工程参数的矛盾与创新原理建立了对应关系，整理成矛盾矩阵表，以便使用者查找，这大大提高了解决技术矛盾的效率。阿奇舒勒矛盾矩阵是浓缩了对大量专利研究所取得的成果，矩阵的构成非常紧密而且自成体系。

在矛盾矩阵中，表的第一行和表的第一列所列的都是39个通用工程参数中的参数。不同的是，第一列所列的是系统需要改善的参数的名称；而第一行所列的是系统在改善那个参数的同时，导致恶化了的另一个参数的名称。39×39的通用工程参数从行、列两个维度构成矩阵的方格共1521个，其中1263个方格中都有几个数字，这几个数字表示解决对应的技术矛盾时对人们最有用的那些创新原理的编号，就是TRIZ所推荐的解决对应工程矛盾的发明原理的号码。矛盾矩阵建议大家优先采用这些创新原理帮助人们解决技术矛盾。如果某个单元格内的数字超过一个，则各个数字之间用逗号隔开。

阿奇舒勒矛盾矩阵使问题解决者可以根据系统中产生矛盾的2个通用工程参数，从矩阵表中直接查找化解该矛盾的创新原理，并使用这些原理来解决问题。部分矛盾矩阵如表 2.2 所示。

表2.2 矛盾矩阵（部分）

改善的 工程参数		① 运动物体 的重量	② 静止物体 的重量	③ 运动物体 的长度	④ 静止物体 的长度	⑤ 运动物体 的面积	⑥ 静止物体 的面积	⑦ 运动物体 的体积	⑧ 静止物体 的体积	⑨ 速度
①	运动物体的重量	+	—	15, 8, 29, 34	—	29, 17, 38, 34	—	29, 2, 40, 28	—	2, 8, 15, 38
②	静止物体的重量	—	+	—	10, 1, 29, 35	—	35, 30, 13, 2	—	5, 35, 14, 2	—
③	运动物体的长度	8, 15, 29, 34	—	+	—	15, 17, 4	—	7, 17, 4, 35	—	13, 4, 8
④	静止物体的长度	—	35, 28, 40, 29	—	+	—	17, 7, 10, 40	—	35, 8, 2, 14	—
⑤	运动物体的面积	2, 17, 29, 4	—	14, 15, 18, 4	—	+	—	7, 14, 17, 4	—	29, 30, 4, 34
⑥	静止物体的面积	—	30, 2, 14, 18	—	26, 7, 9, 39	—	+	—	—	—
⑦	运动物体的体积	2, 26, 29, 40	—	1, 7, 4, 35	—	1, 7, 4, 17	—	+	—	29, 4, 38, 34
⑧	静止物体的体积	—	35, 10, 19, 14	19, 14	35, 8, 2, 14	—	—	—	+	—
⑨	速度	2, 28, 13, 38	—	13, 14, 8	—	29, 30, 34	—	7, 29, 34	—	+
⑩	力	8, 1, 37, 18	18, 13, 1, 28	17, 19, 9, 36	28, 10	19, 10, 15	1, 18, 36, 37	15, 9, 12, 37	2, 36, 18, 37	13, 28, 15, 12
⑪	应力或压强	10, 36, 37, 40	13, 29, 10, 18	35, 10, 36	35, 1, 14, 16	10, 15, 36, 28	10, 15, 36, 37	6, 35, 10	35, 24	6, 35, 36
⑫	形状	8, 10, 29, 40	15, 10, 26, 3	29, 34, 5, 4	13, 14, 10, 7	5, 34, 4, 10		4, 14, 15, 22	7, 2, 35	35, 15, 34, 18
⑬	稳定性	21, 35, 2, 39	26, 39, 1, 40	13, 15, 1, 28	37	2, 11, 13	39	28, 10, 19, 39	34, 28, 35, 40	33, 15, 28, 18
⑭	强度	1, 8, 40, 15	40, 26, 27, 1	1, 15, 8, 35	15, 14, 28, 26	3, 34, 40, 29	9, 40, 28	10, 15, 14, 7	9, 14, 17, 15	8, 13, 26, 14
⑮	运动物体的作用时间	19, 5, 34, 31	—	2, 19, 9	—	3, 17, 19	—	10, 2, 19, 30	—	3, 35, 5

45°对角线的方格，是同一名称工程参数所对应的方格（带"+"的方格），表示产生的矛盾不是技术矛盾而是物理矛盾。也就是说，因不同需求所导致的对于同一个参数的矛盾是物理矛盾。带"—"的方格指两种通用工程参数不能够组成技术矛盾，例如运动物体的重量和静止物体的重量不能组成技术矛盾。

下面举例说明如何查找矛盾矩阵。

例2.2 利用矛盾矩阵。

某一对技术矛盾是，为了改善某技术系统的"强度"，而导致了"速度"的降低。可以利用矛盾矩阵来解决这一对技术矛盾。具体的步骤是：在矛盾矩阵表中沿"改善的工程参数"找到"⑭ 强度"这个参数，然后沿"恶化的工程参数"方向，找出"⑨ 速度"这个参数；强度所在的行与速度所在的列的交叉处，对应到矛盾矩阵表中的方格中，方格中有数字，即8、13、26、14；这些数字就是建议解决此对工程矛盾的创新原理的序号。也就是说，8、13、26、14创新原理，通常被人们用来解决强度与速度之间的技术矛盾。

2.2 物理矛盾

物理矛盾是指对同一个参数具有相反的但合乎情理的需求的矛盾。与技术矛盾不同，技术矛盾是指两个参数之间的矛盾，而物理矛盾则是单一参数的矛盾。比如，消费者希望手机的屏幕大一些，这样可以看得更加清楚一些；但消费者又希望手机的屏幕小一些，这样，携带起来比较方便。消费者希望手机的屏幕又要大，又要小，这里只涉及一个参数，即手机屏幕的尺寸。对于这个参数的相反要求又都是合乎情理的，类似这样，对同一个参数有合乎情理的相反需求就是物理矛盾。

2.2.1 物理矛盾的表述形式

对一项工程问题进行物理矛盾定义时，其表述形式具有固定格式。通常将物理矛盾的描述为：

参数____A____需要____B____，因为____C____；
但是
参数____A____需要____-B____，因为____D____。

其中，A表示单一参数；B表示正向需求；-B表示相反的负向需求；C表示在正向需求B满足的情况下，可以达到的效果；D表示在负向需求-B满足的情况下，可以达到的效果。

对于手机屏幕尺寸问题，可以将物理矛盾描述为：

手机屏幕尺寸需要大，因为可以看得清楚；
但是
手机屏幕尺寸需要小，因为携带起来方便。

2.2.2 物理矛盾的解决办法

如果一个关键问题被转化为物理矛盾（这里所指的关键问题是经过了功能分析、因果链分析、裁剪或者特性传递后所产生的问题，而不是最开始碰到的初始问题），可以尝试用以下三种方法来解决：分离矛盾需求；满足矛盾需求；绕过矛盾需求。

解决物理矛盾的一般步骤可以用图2.2来表示。

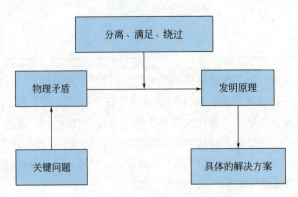

图2.2 解决物理矛盾的一般步骤

2.2.2.1 分离矛盾需求

分离矛盾需求是指造成物理矛盾的单一参数在不同的条件下有不同的需求，可以按照相应的条件进行分离，让工程系统在相应的条件下具备某种特性而满足这种需求，如图2.3所示。

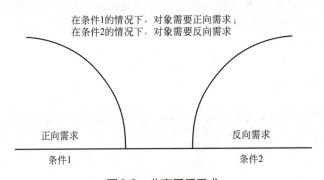

图2.3 分离矛盾需求

分离矛盾需求的分离原理有：基于空间分离，基于时间分离，基于关系分离，基于方向分离，基于系统级别分离。用分离矛盾需求的方法来解决物理矛盾的一般步骤如下：

① 描述关键问题；
② 写出物理矛盾；
③ 加入导向关键词来描述物理矛盾（所谓导向关键词是指将物理矛盾进一步明确化的问题）；
④ 确定所使用的分离原理；
⑤ 选择对应的发明原理（详见第三章，本处不再详述）；
⑥ 产生具体的解决方案；
⑦ 尝试用其他导向关键词重复③～⑥步。

（1）基于空间分离

基于空间分离是指物理矛盾两个相反的需求处于工程系统的不同地点，可以让工程系统不同的地点具备特定的特征，从而满足相应的需求。通常在描述此类矛盾的导向关键问题是"在哪里"，即"在哪里需要……（正向需求），在哪里需要……（反向需求）"，这样的物理矛盾一般可以尝试用"基于空间分离"来解决。

如果确定可以使用空间分离来解决这个物理矛盾，则可尝试以下几个发明原理（详见第三章）：

（1）分割；（2）分离；（3）局部质量；（7）套装；（4）不对称；（17）维数变化。

例2.3 平板车。

新造的船在岸边完工后，要下水了，需要有一个平板车将船从岸边的制造车间移动到海水里面，如图2.4所示。

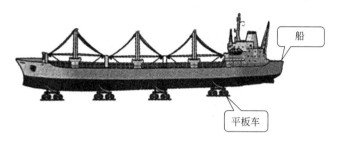

图2.4 船和平板车

但是当车轮进入海水中时，海水将会腐蚀轴承，而轴承的清洗处理非常复杂而且耗时，并且价格非常昂贵。这样就遇到一对矛盾，那就是车轮又在海水里，但车轮又不能在海水里。如何来解决这个问题呢？

解决问题的过程如下。

1. 描述关键问题

对于这一问题，假设已经进行了详细的分析，最终得到的关键问题就是如何防止在海水里的车轮受到海水的腐蚀。

2. 写出物理矛盾

　　车轮<u>需要在海水里</u>，因为<u>要将船移动到海水中</u>；
　　但是
　　车轮<u>不能在海水里</u>，因为<u>要防止海水进入轴承</u>。

3. 加入导向关键词来描述物理矛盾

对于本案例，加入的导向关键词是"在哪里"。

　　<u>车轮在没有轴承的地方</u>，需要<u>在海水里</u>，因为<u>船需要下水</u>；
　　但是
　　<u>车轮在有轴承的地方</u>，需要<u>不在海水里</u>，因为<u>要防止海水腐蚀轴承</u>。

4. 确定所适用的分离原理

对于体现出来"在哪里"的导向关键词，适用的分离原理为基于空间分离。

5. 选择对应的发明原理

在分析了基于空间分离推荐的解决物理矛盾的几个发明原理后，确认"套装"原理是最合适的。

6. 产生具体的解决方案

根据"套装"发明原理的提示，可以在每个车轮的周边套上保护罩，并在保护罩内充满空气，而让其他部分在海水中。由于车轮的周边有空气，所以海水无法进入轴承内部，也就避免了海水对车轮的腐蚀。这样就解决了需要车轮在海水中,又不能让车轮在海水中的矛盾,如图2.5所示。

图2.5　解决方案原理图

（2）基于时间分离

如果在不同的时间段上有物理矛盾的相反需求,可以让工程系统在不同时间段具备特定的特征,从而满足相应的需求。通常在描述此类矛盾的导向关键问题是"什么时候",即"在什么时候需要……（正向需求）,在什么时候需要……（反向需求）",则这样的物理矛盾可以尝试用"基于时间分离"来解决。

如果确定可以使用基于时间分离来解决这个物理矛盾,则可尝试以下几个发明原理:(9)预加反作用;(10)预操作;(11)预补偿;(15)动态化;(34)抛弃与修复。

例2.4 写字板。

如图2.6所示,会议室的椅子上要有一个写字板,这样可以方便听众来记笔记。但是,写字板占用了听众的空间,让听众在进场和退场时活动不方便,既需要有写字板,又不能有写字板,而且这两个相反需求都是合情合理的,所以这是一对物理矛盾。

1. 描述关键问题

假设已经进行了详细的分析,最终得到的关键问题就是椅子上有写字板以方便记笔记,但又不能妨碍听众走路。

2. 写出物理矛盾

<u>写字板需要有</u>,因为<u>要做笔记</u>;
但是
<u>写字板又不能有</u>,因为<u>要方便听众移动（走路）</u>。

3. 加入导向关键词来描述物理矛盾

<u>在开会的时候</u>,需要<u>有写字板</u>,因为<u>要做笔记</u>;
但是
<u>进场和退场的时候</u>,需要<u>不能有写字板</u>,因为<u>要方便听众移动（走路）</u>。

4. 确定所适用的分离原理

对于体现出来"什么时候"的导向关键词,适用的分离原理为基于时间分离。

图2.6　带写字板的椅子

5. 选择对应的发明原理

在分析了基于时间分离推荐的解决物理矛盾的几个发明原理后，确认"动态化"原理是最合适的。

6. 产生具体的解决方案

根据"动态化"原理的提示，可以将写字板设计为动态化的，即设计为可以活动的写字板，如图2.7所示。不需要记笔记的时候，可以将写字板隐藏起来或者折叠起来，以方便听众走路；开会记笔记的时候，将写字板取出来或者展开，这样就解决了既需要有写字板，又不能有写字板的矛盾。

(a) 开会的时候展开写字板　　　　　(b) 听众进场和退场的时候收起写字板

图2.7　动态化写字板

（3）基于关系分离

如果对于不同超系统的对象有物理矛盾的相反需求，可以让工程系统针对不同的对象具备特定的特征，从而满足相应的需求。通常在描述此类矛盾的导向关键问题是"对谁"，即"对某某对象需要……（正向需求），对另一对象需要……（反向需求）"，则这样的物理矛盾可以尝试用"基于关系分离"来解决。

如果确定可以用基于关系分离来解决这个物理矛盾，可以尝试以下几个发明原理：（3）局部质量；（17）维数变化；（19）周期性作用；（31）多孔材料；（32）改变颜色；（40）复合材料。

例2.5　窗户。

希望新鲜的室外空气进入房间时，应该将窗户开着；但是为了防止强烈的阳光进入房间，又希望窗户是关着的。希望窗户是开着的又是关着的需求是相反的，但这两个需求都是合情合理的，所以这是一对物理矛盾。

1. 描述关键问题

假设已经进行了详细的分析，最终得到的关键问题就是窗户要通风，但又不会让阳光进入室内。

2. 写出物理矛盾

窗户需要是开着的，因为要使空气流通；

但是

窗户需要是关着的，因为要防止强烈的阳光照射到室内。

3. 加入导向关键词来描述物理矛盾

对于本案例，加入的导向关键词是"对谁"。

<u>对于空气</u>，需要窗户是<u>开着的</u>，因为<u>空气可以流通</u>；

但是

<u>对于阳光</u>，需要窗户是<u>关着的</u>，因为<u>要防止阳光照射到室内</u>。

4. 确定所适用的分离原理

对于体现出来"对谁"的导向关键词，适用的分离原理为基于关系分离。

5. 选择对应的发明原理

在分析了基于关系分离推荐的解决物理矛盾的几个发明原理后，确认"维数变化"原理是最合适的。

6. 产生具体的解决方案

根据"维数变化"原理的提示，可利用百叶窗来改变风的运动方向，从而达到了既可以让空气流通，又可以阻止阳光进入房间的效果，即对空气窗户是开着的，但对阳光窗户是关着的。这就解决了窗户又要开、又要关的矛盾，如图2.8所示。

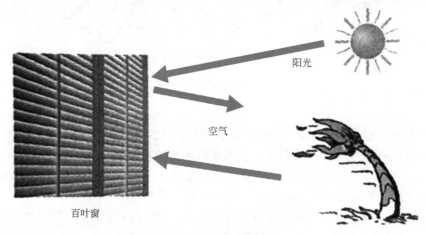

图2.8　百叶窗

（4）基于方向分离

如果在不同的方向上有物理矛盾的相反需求，可以让工程系统在不同方向具备不同的特征，从而满足相应的需求。通常在描述此类矛盾的导向关键问题是"哪个方向"，即"在什么方向需要……（正向需求），在什么方向需要……（反向需求）"，则这样的物理矛盾可以尝试用"基于方向分离"来解决。

如果确定可以用基于方向分离来解决这个物理矛盾，可以尝试以下几个发明原理：（4）不对称；（40）复合材料；（35）参数变化；（14）曲面化；（17）维数变化；（32）改变颜色；（7）套装。

例2.6 捕鱼器。

如图2.9所示，在捕鱼的时候，需要捕鱼器的开口大一些，以方便鱼进入，但如果开口太大，进入网中的鱼又会游出来，所以要求捕鱼器的开口既要大又要小，而且这两个需求都是合情合理的，所以这是一对物理矛盾。

1. 描述关键问题

假设已经进行了详细的分析，最终得到的关键问题就是捕鱼器可以非常方便地让鱼进入网中，同时鱼在向外游的时候又很困难。

2. 写出物理矛盾

<u>捕鱼器的开口需要大</u>，因为<u>要方便鱼进入网中</u>；

但是

<u>捕鱼器的开口需要小</u>，因为<u>要防止鱼的外逃</u>。

3. 加入导向关键词来描述物理矛盾

对于本案例，加入的导向关键词是"哪个方向"。

<u>在鱼进入的方向，需要捕鱼器的开口大</u>，因为<u>要方便鱼进入网中</u>；

但是

<u>在鱼外逃的方向，需要捕鱼器的开口小</u>，因为<u>要防止鱼的外逃</u>。

4. 确定所适用的分离原理

对于体现出来"哪个方向"的导向关键词，适用的分离原理为基于方向分离。

5. 选择对应的发明原理

在分析了基于方向分离推荐的解决物理矛盾的几个发明原理后，确认"不对称"和"维数变化"原理是最合适的。

6. 产生具体的解决方案

综合运用"不对称"和"维数变化"发明原理，可产生图2.10所示的捕鱼笼。该捕鱼笼在鱼从外向内游的方向上逐渐缩小口径，当鱼进入笼子后，运动方向发生改变，使鱼向外游变得困难。这样就解决了鱼向内游容易、向外游困难的矛盾。

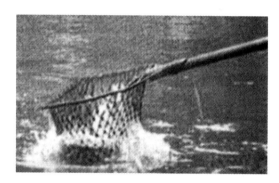

图2.9 捕鱼器

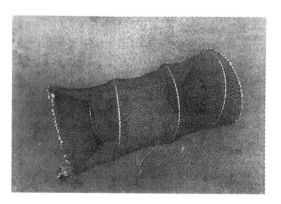

图2.10 捕鱼笼

（5）基于系统级别分离

如果矛盾需求在子系统或超系统级别上有相反的需求，可以使用"基于系统级别分离"原理分离它们。对于这一分离原理，并没有导向关键词。对于基于系统级别分离的物理矛盾，可以尝试以下几个发明原理：（1）分割；（5）合并；（12）等势性；（33）同质性。

 例2.7 钢丝绳。

用于拉重物的钢丝绳（图2.11）必须足够硬，以具有足够的强度，同时又必须足够柔软，以

图2.11 坚硬的钢丝绳

方便折叠起来放在一个很小的空间内。所以需要绳子是硬的，又必须是软的，而且这两个需求都是合情合理的，这是一对物理矛盾。

1. 描述关键问题

假设已经进行了详细的分析，最终得到的关键问题就是钢制绳索要结实，但又要容易折叠。

2. 写出物理矛盾

<u>绳子需要是硬的</u>，因为<u>要使绳子具有足够的强度</u>；

但是

<u>绳子需要是柔软的</u>，因为<u>绳子要方便折叠存储</u>。

3. 加入导向关键词来描述物理矛盾

对于基于系统级别分离的，无导向关键词。

4. 确定所适用的分离原理

可以让绳子在系统级别上是软的，在子系统（或者组件）级别上是硬的，适用的分离原理为基于系统级别分离。

5. 选择对应的发明原理

在分析了基于系统级别分离推荐的解决物理矛盾的几个发明原理后，确认"分割"原理是最合适的。

6. 产生具体的解决方案

根据"分割"原理的提示，将绳子做成链条，在系统级别上，它是柔软的，很方便折叠，但在单个链条又是很硬的，这样就解决了钢丝绳又要软又要硬的矛盾，如图2.12所示。

图2.12 钢丝绳索链

对于以上所述的5个解决物理矛盾的分离方法，可用表2.3加以总结。

表2.3 例2.3～例2.7解决物理矛盾分离方法总述

分离方法	导向关键词	发明原理
基于空间分离	在哪里	（1）分割；（2）分离；（3）局部质量；（7）套装；（4）不对称；（17）维数变化
基于时间分离	在什么时候	（9）预加反作用；（10）预操作；（11）预补偿；（15）动态化；（34）抛弃与修复
基于关系分离	对谁	（3）局部质量；（17）维数变化；（19）周期性作用；（31）多孔材料；（32）改变颜色；（40）复合材料
基于方向分离	在什么方向上	（4）不对称；（40）复合材料；（35）参数变化；（14）曲面化；（17）维数变化；（32）改变颜色；（7）套装
基于系统级别分离	—	（1）分割；（5）合并；（12）等势性；（33）同质性

2.2.2.2 满足矛盾需求

前面讲述了利用分离原理来解决物理矛盾的方法，但也往往会碰到不能用分离的方法来解决的物理矛盾，因而可以尝试用同时满足矛盾需求的方法来解决，如图2.13所示。

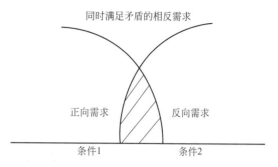

图2.13 用满足矛盾需求的方法来解决物理矛盾

用满足矛盾需求解决物理矛盾的步骤如下：
① 描述关键问题；
② 写出物理矛盾；
③ 选择对应的发明原理；
④ 产生具体的解决方案。

适用于满足矛盾需求的发明原理有：（13）反向；（36）状态变化；（37）热膨胀；（28）机械系统的替代；（35）参数变化；（38）加速强氧化；（39）惰性环境。

 眼镜。

当环境光线比较弱的时候，希望让眼镜的透光率高，以看清楚周围的物体；但是当环境光线强烈的时候，又希望眼镜的透光率低，以避免强光太刺眼，如图2.14所示。既希望眼镜的透光率高一些，又希望眼镜的透光率低一些是相反的需求，但这两个需求都是合情合理的，所以这是一对物理矛盾。下面尝试利用满足矛盾需求的方法来解决这个问题。

图2.14 眼镜透光率要高又要低

1. 描述关键问题

假设已经进行了详细的分析，最终得到的关键问题是要在光线暗的时候看清周围的物体，又要在光线强烈的时候挡住光线。

2. 写出物理矛盾

<u>眼镜透光率需要高</u>，因为<u>要看清周围的物体</u>；
但是
<u>眼镜的透光率需要低</u>，因为<u>要防止强烈的光线照射眼睛</u>。

3. 选择对应的发明原理

在分析了满足物理矛盾方法适用的几个发明原理后，确认"状态变化"原理是最合适的。

4. 产生具体的解决方案

根据"状态变化"原理的提示，在镜片中加入卤化银微粒，其在强光照射下分解为银和卤素，使镜片透光率降低；在弱光下，又重新化合为卤化银，使镜片透光率升高，如图2.15所示。这就解决了镜片的透光率又要低又要高的矛盾。

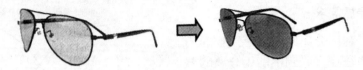

图 2.15　变色镜

2.2.2.3 绕过矛盾需求

绕过矛盾是指如果不能用分离和满足的方法解决物理矛盾时，可以尝试改变工作原理的方法，使原有的物理矛盾不复存在，从而绕过了这个物理矛盾。需要注意的是，绕过矛盾并不是真正解决了矛盾，而是改变了工作原理。

例如，有这样一对物理矛盾，船应该是窄的，因为受到水的阻力小，以便在水中快速移动，缺点是在水中运行的时候不太稳定；但船又应该是宽的，以便保持平稳和具有更多的座位，缺点是因为受水的阻力太大而行驶缓慢。船体又要宽又要窄，而且这两个需求都是合情合理的，所以这是一对物理矛盾。

在这个问题中，可以不通过解决水的阻力和船的设计问题来尝试解决这个矛盾需求，而是将普通的船改造为气垫船，气垫船与普通船的工作原理完全不同，它是在漂浮在水面上的一层空气上移动，所以并不受水的阻力的影响，所以船体宽度的物理矛盾也就不复存在了。

本节介绍了解决物理矛盾的三种方法，即分离矛盾需求、满足矛盾需求以及绕过矛盾需求。在解决具体问题的时候，要优先考虑分离矛盾需求，然后再尝试满足矛盾需求，最后再尝试是否可以绕过矛盾需求，如图 2.16 所示。

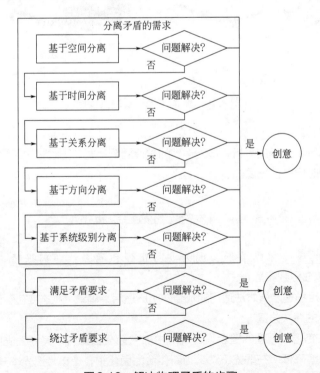

图 2.16　解决物理矛盾的步骤

需要指出的是，对于同样一个物理矛盾，所适用的解决方法并不一定只有一种，即对于同样一个物理矛盾，有可能既适用基于空间分离，又可能适用基于时间分离，还有可能适用满足矛盾需求的方法以及绕过矛盾需求的方法。

2.3 物理矛盾和技术矛盾之间的转化

物理矛盾和技术矛盾都是TRIZ理论中问题的模型，二者是有相互联系的，物理矛盾可以转化成为技术矛盾，同样的技术矛盾也可以转化成为物理矛盾。其实在"如果A，那么B，但是C"的技术矛盾的描述中，就隐含了技术矛盾和物理矛盾的转化。B和C是一对技术矛盾，而A与-A就是物理矛盾中同一参数的相反需求。

就以手机屏幕为例，可以用技术矛盾描述为：

<u>如果手机屏幕大</u>；
<u>那么看得更清楚</u>；
<u>但是携带不方便</u>。

相应地，描述为物理矛盾就是：

<u>手机屏幕需要大一些，因为要看得清楚</u>；
但是
<u>手机屏幕需要小一些，因为要携带方便</u>。

相对于技术矛盾而言，物理矛盾的描述更加准确，更能反映真正的问题之所在，也正是因为这个原因，用物理矛盾得到的解决方案更加富有成效。

 本章习题

一、单选题

1. TRIZ 理论中，解决技术矛盾时用来表述系统性能的工程领域的通用工程参数一共有（　　）个。
   A. 40　　　　　　B. 39　　　　　　C. 30　　　　　　D. 76

2. 技术冲突总是涉及两个基本参数A与B，当（　　）得到改善时，（　　）变得更差。物理冲突仅涉及系统中的一个子系统或部件，而对该子系统或部件提出了相反的要求。往往技术冲突的存在隐含物理冲突的存在，有时物理冲突的解比技术冲突更容易。
   A. AB　　　　　　B. BA　　　　　　C. AA　　　　　　D. BB

3. 冲突矩阵将描述技术冲突的39个通用工程参数与（　　）条发明原理建立了对应关系，很好地解决了设计过程中选择发明原理的难题。
   A. 20　　　　　　B. 30　　　　　　C. 40　　　　　　D. 50

4. 现代TRIZ理论在总结物理冲突解决的各种研究方法的基础上，提出了采用如下的分离原理解决物理冲突的方法，即空间分离，时间分离，（　　），整体与部分的分离。
   A. 位置分离　　　B. 基于条件的分离　C. 整体分离　　　D. 基于整体的分离

5. 所谓空间分离原理是将冲突双方在不同的空间分离，以降低解决问题的难度。当关键子系统冲突双方在某一空间只出现一方时，空间分离是（　　）。

A. 可能的　　　　　B. 不可能的　　　　C. 正确的　　　　D. 错误的
　6. 基于（　　）是将冲突双方在不同的条件下分离，以降低解决问题的难度。
　　A. 某些条件下　　B. 条件的分离原理　C. 冲突　　　　D. 冲突解决
　7. 产品设计具有相同的规律，即产品处于进化之中并受客观定律支配，最普遍的支配定律是对立统一、从量变到质变、（　　）三大定律，这构成了发明问题解决理论的内容基础。
　　A. 否定之否定　　B. 整体到局部　　C. 局部到整体　　D. 肯定与否定
　8. TRIZ 认为产品创新的核心是解决设计中的（　　），如能发现需求与已有产品或产品内部的冲突，开发新产品或改进已有的产品，解决这些已发现的冲突，不仅满足社会日益增长的需求，同时为新产品生产企业带来效益。
　　A. 冲突　　　　　B. 矛盾　　　　　C. 需求　　　　　D. 冲突或矛盾
　9.（　　）是指为了实现某种功能，一个子系统或元件应具有一种特性，但同时出现了与此特性相反的特性。
　　A. 化学冲突　　　B. 矛盾冲突　　　C. 物理冲突　　　D. 功能性冲突
　10.（　　）常表现为一个系统中两个子系统之间的冲突。
　　A. 化学冲突　　　B. 技术冲突　　　C. 矛盾冲突　　　D. 物理冲突

二、填空题

　1. ____是指一个作用同时导致有用及有害两种结果，也可指有用作用的引入或有害效应的消除导致一个或几个子系统或系统变坏。
　2. ____资源是在特定的条件下，系统____能发现及可利用的资源，如材料及能量。
　3. 通过对250万件专利的详细研究，TRIZ 理论提出用____个通用工程参数描述冲突。实际应用中，首先要把一组或多组冲突均用该____个工程参数来表示。利用该方法把实际工程设计中的冲突转化为一般的或标准的技术冲突。
　4. ____指这些参数变大时，使系统或子系统的性能变差。
　5. 物理冲突的核心是指对一个物体或系统中的_____。
　6. 当针对具体问题确认了一个技术冲突后，要用该问题_____描述该冲突。
　7. ____是TRIZ要研究解决的关键问题之一，当对一子系统具有相反的要求时就出现了该冲突。
　8. 假如关键子系统是物质，则几何或化学原理的____，如关键子系统是场，则物理原理的应用是有效的。
　9. 如果冲突的一方可不按一个方向变化，利用空间分离原理是____。
　10. 如果_____，利用基于条件的分离原理是可能的。

三、简答题

　1. 简述技术冲突解决原理具体的12步。
　2. 简述物理冲突的解决原理。
　3. 解决技术矛盾的步骤是什么？

第三章

发明原理

发明原理是对人类解决问题、实现创新的共性方法的高度总结和概括，属于人类共有的知识体系。1946年，TRIZ理论的奠基人阿奇舒勒通过对大量的发明专利的研究，发现、提炼并总结归纳了蕴含在这些发明创新现象背后的客观规律，将创新的理论展示在世人面前，从此让创新的过程走上了方法学的高速路，并让创新变成了人人都可以学习和掌握的一门知识。如果一个发明原理融合了物理、化学等科学，那么此原理将超越领域的限制，就可应用到其他行业中去。本章首先介绍了发明创新原理的由来，然后重点介绍了阿奇舒勒的40个TRIZ发明创新原理。如果真正掌握了这些创新原理，不仅可以提高发明的效率、缩短发明的周期，而且能使发明问题更具有可预见性。

3.1 发明原理的由来

什么是发明原理？它是人类在征服自然、改造自然的过程中遵循的客观规律，是人类获得所有的人工制造物时所遵循的原理。在过去的几十万年里，我们的祖先已经用自己智慧的头脑和勤劳的双手，实践和验证了相对应的创新方法，只是没有把它们系统地总结出来。考察从古至今的发明创新案例，从原始社会到现代社会，从最简单的石斧到复杂的宇航器，所有的人工制造物，无一例外都遵循了创新的规律。而且，相同的发明创新问题以及为了解决这些问题所使用的发明创新原理，在不同的时期、不同的领域中反复出现，也就是说，解决问题（即实现创新）的方法是有规律、有方法可循的。既然是符合客观规律的方法学，那么这个方法学就必然会具有普适意义，必然会在所有的发明创新过程中得到实际的应用和体现。

为此，阿奇舒勒对大量的发明专利进行了研究、分析和总结，提炼出了TRIZ中最重要的、具有普遍用途的40个发明原理。40个发明原理开启了一扇解决发明问题的天窗，将发明从魔术推向科学，让那些似乎只有天才才可以从事的发明工作，成为一种人人都可以从事的职业，使原来认为不可能解决的问题可以获得突破性的解决。后来，人们又陆续分析了诸多发明专利，证明这40个发明原理是实用和适用的，是用于解决技术矛盾的行之有效的创新方法。当前，40个发明原理已经从传统的工程领域扩展到微电子、医学管理、文化教育等各个领域。40个发明原理的广泛应用，产生了不计其数的专利发明。

在今天，创新方法已经成为了全人类共有的知识成果，在强有力地推动着人类文明的发展与前进。学习并掌握40条发明原理，对于解决科研、生产和生活中的各种问题，有着重要的启示和神奇的促进作用。如果掌握了创新的规律，以创新的方法学作为指导，创新也就是一件人人可以做到的事情了。

3.2　40个发明原理及其应用

40个TRIZ发明原理，如表3.1所示，其中蕴涵了人类发明创新所遵循的共物性原理，是TRIZ中用于解决矛盾（问题）的基本方法。这40条发明创新原理是阿奇舒勒最早奠定的TRIZ理论的基础内容。实践证明，这40条发明创新原理，是行之有效的创新方法。然而，正确理解各个原理之间以及每条原理的各子条目间的关系，才能事半功倍，以下是理解的几点原则：① 各原理之间不是并列的，是互相融合的；② 创新原理体现了系统进化论法则；③ 创新原理的各子条目之间层次有高低，前面的概括，后面的具体。

表3.1　40个发明原理

序号	原理名称	序号	原理名称	序号	原理名称	序号	原理名称
1	分割	11	预补偿	21	紧急行动	31	多孔材料
2	分离	12	等势性	22	变有害为有益	32	改变颜色
3	局部质量	13	反向	23	反馈	33	同质性
4	不对称	14	曲面化	24	中介物	34	抛弃与修复
5	合并	15	动态化	25	自服务	35	参数变化
6	多用性	16	未达到或超过的作用	26	复制	36	状态变化
7	套装	17	维数变化	27	低成本、不耐用物体代替昂贵、耐用的物体	37	热膨胀
8	重量补偿	18	振动	28	机械系统的替代	38	加速强氧化
9	预加反作用	19	周期性作用	29	气动与液压结构	39	惰性环境
10	预操作	20	有效作用的连续性	30	柔性壳体或薄膜	40	复合材料

下面是阿奇舒勒对40个TRIZ发明原理的经典解释以及编者整理归纳的一些应用实例和使用技巧，大部分创新原理包括几种具体的应用方法。

TRIZ理论的40个发明原理，每一个原理前面都有相应的序号，这些序号是与矛盾矩阵相对应的。下面对这些原理进行详细的说明。

（1）分割

分割原理，即将整体切分，有以下三方面的含义。

① 将物体分成相互独立的部分。例如：火车车厢，分离成一个一个的单体车厢；用卡车加拖车代替大卡车；将垃圾箱分割为可回收及不可加收的部分；电冰箱分为冷冻室和冷藏室，并分多个层；运载火箭分为多个助推器；班级为了便于管理分成多个小组等。

② 将物体分成容易组装和拆卸的部分。例如：组合式家具、移动房屋、活动帐篷、组合菜板等。

③ 增加物体的分割程度。例如：用百叶窗代替大的窗帘，输送高温玻璃时用熔化的锡代替滚轴等。

（2）分离

分离原理，即将物体中有用或有害的部分提取出来进行相应的处理，有以下两方面的含义。

① 从物体中抽出产生负面影响的部分或属性。例如：避雷针将雷电引入地下，减少其危害（图3.1）；空调的压缩机分离出来放在室外；食品真空包装等。

图3.1　避雷针

② 从物体中抽出必要的部分或属性。例如：用狗的叫声作警报而不用真的养一条狗；把彩喷打印机中的墨盒分离出来以便更换；用光纤或光波导分离主光源，以增加照明点（图3.2）；成分献血，只采集血液中的血小板；微波滤波器；互联网上的搜索引擎等。

（3）局部质量

图3.2　用光纤或光波导分离主光源

局部质量原理，是指在物体的特定区域改变其特征，从而获得必要的特性，有以下三方面的含义。

① 从物体或外部介质（外部作用）的一致结构过渡到不一致结构。例如：采用有梯度变化的温度、密度、压力，而不用恒定的温度、密度、压力；刀或斧子的刀刃部分进行特殊处理（图3.3）等。

② 物体的不同部分应当具有不同的功能。例如：起钉锤（图3.4），指甲刀，多功能组合工具等。

图3.3　刀刃部分用好钢，其余部分用一般的钢

图3.4　锤头的一侧做成起钉器

图3.5 餐盒

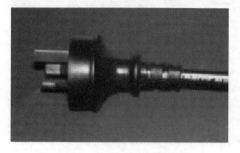

图3.6 不对称的电源插头

图3.7 多重坡屋顶

③ 物体的每一部分均应处于最有利于其工作的条件。例如：餐盒的隔板，防止串味（图3.5）；矿山坑道除尘等。

（4）不对称

不对称性原理，是指利用不对称性进行创新设计，有以下两方面的含义。

① 将物体的对称形式转为不对称形式。例如：电源插头做成不对称形式（图3.6），防止插错；使用不对称搅拌叶片加强搅拌；铁道转弯处内外铁轨间有高度差以提供向心力，减少对轨道挤压造成的危害；在鞋跟易磨的一侧钉上"鞋掌"；为增强密封性，将圆形密封圈做成椭圆的等。

② 如果物体已经是不对称的，则加强它的不对称程度。例如：将液化气瓶底部设计成斜面，气用完时会自己倾倒；为增强防水保温性，建筑上采用多重坡屋顶（图3.7）；电力冶炼炉电极非对称地置于炉中，以方便矿石的送入和金属熔液的流出等。

（5）合并

合并原理，是指在不同的物体或同一物体内部的各部分之间建立一种联系，使其有共同的唯一的结果，有以下两方面的含义。

① 在空间上把相同或相近的物体或操作加以组合。例如：集成电路板上的电子芯片、并行计算的多个CPU、联合收割机、组合工具等。

② 把时间上相同或类似的操作联合起来。例如：冷热水混合的水龙头，如图3.8所示；电话的拿起与接通；摄影机在拍摄时同时录音；计算机杀毒软件在扫描病毒的同时完成隔离、杀毒、移动、复制文件等操作等。

（6）多用性

多用性原理，是指使一个物体能够执行多种不同功能，以取代其他物体的介入。例如：键盘可以打字也可以做游戏的操作柄；办公一体机，可实现打印、复印、扫描、传真等多种功能；牙刷手柄内装上牙膏；手机集成了MP3、摄像、照相等功能。

（7）套装

套装原理，是指设法使两个物体内部相契合或置入，有以下两方面的含义。

① 一个物体位于另一物体之内，而后者又位于第三个物体之内，等等。例如：俄罗斯套娃（图3.9）、液压起重机、汽车安全带。

图3.8 冷热水混合水龙头

② 一个物体通过另一个物体的空腔。例如:伸缩式镜头、拉杆天线(图3.10)、推拉门(图3.11)、组合杯子和相机镜头等。

图3.9 俄罗斯套娃

图3.10 拉杆天线　　　　　图3.11 推拉门

(8) 重量补偿

重量补偿原理也称为巧提重物法,是指对物体重量进行等效补偿,以实现预期目标,有以下两方面的含义。

① 将物体与具有上升力的另一物体结合以抵消其重量。例如:氢气球悬挂条幅(图3.12)、圆木中添加泡沫材料使其更好地漂浮、救生衣、游泳圈(图3.13)、带有螺旋桨的直升机等。

② 将物体与介质相互作用以抵消其重量。例如:水使船浮出水面减小阻力;风筝利用风产生升力;液压千斤顶利用液体压力举重物;潜水艇利用排放水实现升浮;汽车的导流板和扰流板用以增大汽车抓地力度等。

(9) 预加反作用

预加反作用原理,是指预先了解可能出现的故障,并设法消除、控制故障的发生,有以下两方面的含义。

图3.12 利用氢气球悬挂标语　　图3.13 游泳圈的浮力可抵消游泳者的重力

图3.14 桥上的悬索通过反向拉力防止桥身因重力向下弯曲

① 实现施加反作用,用来消除不利影响。例如:给树木刷渗透漆防止腐烂;溶液中加入缓冲液,防止pH值变化带来的危害;悬索桥利用钢索反向拉力来抵消桥面自重和车辆的重力(图3.14)。

② 如果一个物体处于或即将处于受拉伸状态,预先施加压力。例如:在灌混凝土之前,对钢筋施加压应力;给畸形的牙齿带上矫正牙套;助跑时,先用脚蹬一下助跑器,用以获得向前的力。

(10)预操作

预操作原理,是指在事件发生前执行某种作用,以方便其进行,有以下两方面的含义。

① 预先完成要求的作用(整体的或部分的)。例如:不干胶是事先涂好胶的以方便使用,如图3.15所示;邮票打孔便于撕开;超市中呈卷状的保鲜袋;食品袋的小切口;方便面先炸熟和放好料包;企业里的岗前培训;易拉罐拉环处设置压痕以便于拉开;药片中间的压痕使药片掰开更容易;建筑上使用的预制件等。

图3.15 不干胶产品

② 预先将物体安放妥当,使它们能在现场和最方便地点立即发挥所需要的作用。例如:停车场的电子计时表、公路上的指示牌。

(11)预补偿

预补偿原理,是指事先做好准备,做好应急措施,以提高系统的可靠性。例如:降落伞备用伞包;应急消防通道;防掉落的耳机;汽车的气囊(图3.16)和备用轮胎;产品外包装上的易碎、危险、有毒等特殊标志;电闸的保险丝;超市在商品中预置防盗磁条;照相机的防红眼装置;建筑物中的消防栓和灭火器;各种预防疾病的疫苗;企业的安全教育;枕木上涂沥青来防止腐朽等。

(12)等势性

等势性原理,是指在重力场中改变物体的工作状态以减少物体提升或下降的需要。例如:将传送带设计成与操作台等高、水电站大坝的船闸(图3.17)、汽车修理中的地槽或升降架、盘山公路、高架桥的引桥。

(13)反向

反向原理,是指施加相反的作用,或使其在位置、方向上具有相反性,有以下三方面的含义。

图3.16 汽车中预置安全气囊

① 用与原来相反的动作代替常规动作,达到相同的目的。例如:为了松开套紧的两个元件,不是加热外层部件,而是冷冻内层部件;制作酒芯巧克力时,先冷冻内部的酒芯,然后再蘸外部的巧克力。

② 使物体或外部介质的活动部分成为不动的,而使不动的成为可动的。例如:跑步机上的人相对不动,而机器动,如图3.18所示;室内攀岩中,用墙壁运动来代替人的向上攀岩,以降低危险;模拟飞行器,用传感器和虚拟场景变换来让人产生身临其境的感受。

③ 将物体或过程进行颠倒。例如:将杯子倒置,从下面冲入水来清洗;切割机器人与工作台全部倒置,防止碎屑落到机器里边产生故障。

(14)曲面化

曲面化原理,是指利用曲线或曲面替代原有的线性特征,有以下三方面的含义。

① 将直线部分用曲线代替,将平面用曲面代替,将立方体结构改成球形结构。例如:用旋转楼梯来节省空间(图3.19);建筑中的拱形穹顶增加了强度;车身的流线型降低空气阻力等。

② 利用滚筒、球体、螺旋等结构。例如:圆珠笔的笔尖是球形的滚珠,使书写更流利;转椅(图3.20)底座安装滚轮,方便移动;丝杠将直线运动变为回转运动等。

图3.17　水电站大坝船闸

图3.18　跑步机

图3.19　旋旋楼梯

图3.20　转椅

③ 从直线运动过渡到旋转运动，并利用离心力。例如：制陶用的拉坯机、洗衣机中的甩干筒等。

（15）动态化

动态化原理，是指通过运动或柔性等处理提高系统的适应性，有以下三面的含义。

① 调体或外部环境的特性，使其在各个工作阶段都呈现最佳的特征。例如：医院的可调节病床；汽车的可调节座椅；可变换角度的后视镜；飞机中的自动导航系统等。

② 将物体分成彼此相对移动的几个部分。例如：可折叠的桌子或椅子（图3.21）；笔记本电脑（图3.22）；折叠伞；折叠尺等。

图 3.21　折叠椅

图 3.22　笔记本电脑

③ 将物体不动的部分变为可动的，增加其运动性。例如：可弯曲的饮用吸管；洗衣机的排水管；用来检查发动机的柔性内孔窥视仪；医疗检查中的肠镜、胃镜等。

（16）未达到或超过的作用

未达到或超过的作用原理，是指期望效果难以实现时，应当达到略小于或略大于期望效果的效果，借此来使问题简单化。例如：进行粉末喷涂时，先将大量的粉末向物体表面喷涂，多余的粉末掉落；注射针剂时，要先抽取较多的药液，用于在排出空气时补充不足，如图3.23所示；印刷时先在滚筒表面全部涂满印油，然后再刮去；等离子切割时发出过剩的离子火焰。

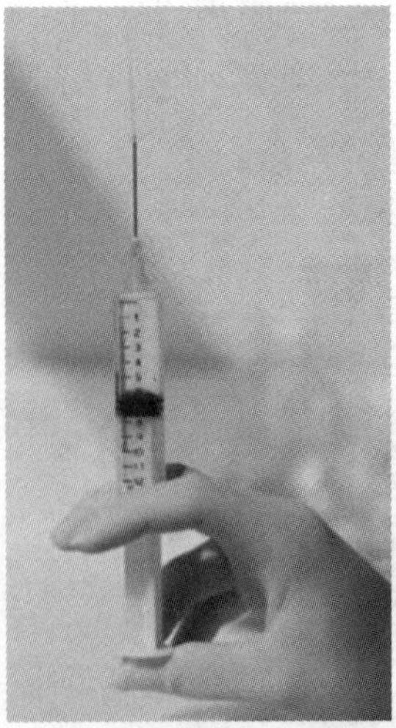

图 3.23　注射器抽取药液时，先抽入较多的药液，再排至适当量

（17）维数变化

维数变化原理，指通过改变系统的维度来进行创新的方法，有以下四方面的含义。

① 如果物体做线性运动或进行线性分布有问题，则可使物体在二维平面上移动或分布。相应地，在一个平面上的运动或分布有问题，可以过渡到三维空间。例如：多轴联动加工中心可以准确完成三维复杂曲面的工件的加工等。

② 利用多层结构替代单层结构。例如：立体车；北方建筑多

采用双层甚至三层的玻璃窗来增加保暖性；多用扳手等。

③ 将物体倾斜或侧置。例如：自动装卸车。

④ 利用指定面的反面或另一面。

例如：印制电路板经常采用两面都焊接电子元器件的结构，比单面焊接节省面积；可以两面穿的衣服等。

（18）振动

振动原理，是指利用振动或振荡，以便将一种规则的周期性的变化包含在一个平均值附近，有以下三方面的含义。

① 使物体处于振动状态。例如：手机用振动替代铃声；电动剃须刀（图3.24）；电动按摩椅等。

② 如果已在振动，则提高它的振动频率（可以达到超声波频率）。例如：振动送料器；运用低频振动减少烹饪时间。

图3.24　电动剃须刀

③ 利用共振频率。例如：吉他等乐器的共鸣箱；核磁共振检查病症；超声波碎石机击碎胆结石。

（19）周期性作用

周期性作用原理也称离散法，是指改变作用的执行方式，以期获得某种预期创新结果，有以下三方面的含义。

① 从连续作用过渡到周期性作用或脉冲作用。例如：自动灌溉喷头做周期性的回旋动作；自动浇花系统间歇性动作；特种车辆行驶时警灯和鸣笛呈现周期性变化（图3.25）等。

② 如果作用已经是周期性的，则改变其频率。例如：用变幅值与变频率的报警器代替脉动报警器。

③ 利用脉冲的间歇完成其他作用。例如：医用的呼吸机系统为每5次胸廓运动，进行1次心肺呼吸；利用脉冲原理使烟囱冒出的烟变成间歇的环状烟雾等。

（20）有效作用的连续性

有效作用的连续性原理，是指因发生连续性动作，使系统的效率得到提高，有以下三方面的含义。

① 物体的各个部分同时满载工作，以提供持续可靠的性能。例如：汽车在路口停车时，飞轮储存能量，以便汽车随时启动等。

图3.25　警车的警笛利用周期性原理避免噪声过大，并使人更敏感

② 消除空转和间歇运转。例如：针式双向打印机，打印针头机在回程也执行打印。

③ 将往复运动改为转动。例如：卷笔刀（图3.26）以连续旋转代替重复削铅笔；削皮器用旋转运动代替重复切削。

（21）紧急行动

紧急行动原理，是指高速越过某过程或其个别阶段（如有害的或危险的）的操作。例如：闪光灯使用瞬间闪光，节省能源，同时避免对人眼造成伤害，如图3.27所示；锻造使工件变形但是支撑工件的砧板不变形；牙医使用高速钻头来减少患者的痛苦等。

图3.26 手摇式卷笔刀

图3.27 闪光灯采用瞬间闪光

（22）变有害为有益

变有害为有益原理，是指有害因素已经存在，设法用其为系统增加有益的价值，有以下三方面的含义。

图3.28 潜水时用氮氧混合气体

① 利用有害因素（特别是对外界的有害作用）获得有益的效果。例如：冬季把积雪做成雪雕；利用垃圾发电；废品回收再利用；利用蛇毒治病；利用废弃的市政管道建造的旅馆。

② 通过有害因素与另外几个有害因素的组合来消除有害因素。例如：潜水时用氮氧混合气体，防止纯氧中毒，如图3.28所示。

③ 将有害因素加强到不再是有害的程度。例如：森林救火时用逆火灭火等。

（23）反馈

反馈原理，是指利用反馈进行创新，有以下两方面的含义。

图3.29 音乐喷泉

① 建立反馈，进行反向联系。例如：声控灯；音乐喷泉（图3.29）；盲道上的特殊纹理；利用声呐来发现鱼群、暗礁、潜艇；钓鱼时的鱼漂，如图3.30所示；根据环境变化的路灯等。

② 如果已有反馈，则改变它。例如：自动调温器的负反馈装置等。

（24）中介物

中介物原理，是指利用中间载体进行发明创新的方法，有以下两方面的含义。

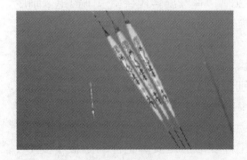
图3.30 鱼漂

① 利用可以迁移或有传送作用的中间物体。例如：弹琴用的拨片、门把手等。

② 把一个（易分开的）物体暂时附加给另一物体。例如：饭店上菜的托盘（图3.31）、化学反应中的催化剂（图3.32）。

（25）自服务

自服务原理，是指系统在执行主要功能的同时，完成了其他的辅助性功能或其他的相关功能，有以下两方面的含义。

① 物体应当为自己服务，完成辅助和修理工作。例如：自补充饮水机；自清洁作用的热水器；自助餐；自热食品等。

② 利用废弃的材料、能量或物质。例如：将麦秸直接填埋做下一季的肥料；利用电厂余热供暖等。

图3.31 用托盘上菜，防止烫手

（26）复制

复制原理，是指利用复制品、模型等来替代原有的高成本物品，有以下方面的含义。

① 用简单而便宜的复制品代替难以得到的、复杂的、昂贵的、不方便的或易损坏的物体。例如：手机销售过程中用样机进行展示；用模拟驾驶舱替代真实驾驶舱（图3.33）；进行素描时用石膏像替代真人等。

② 用光学拷贝（图像）代替物体或物体系统，

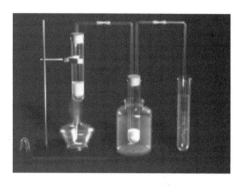

图3.32 化学反应中的催化剂

此时要改变比例（放大或缩小复制品）。例如：医生采用X光片进行诊断；卫星图片代替实地考察；3D虚拟城市地图。

（27）低成本、不耐用物体代替昂贵、耐用的物体

低成本、不耐用物体代替昂贵、耐用的物体原理，是指用若干廉价物品代替昂贵物品，同时放弃或降低某些品质或性能方面的要求。例如：一次性的捕鼠器是一个带诱饵的塑料管，老鼠通过圆锥形孔进入捕鼠器，孔壁是可伸直的，老鼠只能进，不能出；一次性纸杯（图3.34）；一次性尿布等。

（28）机械系统的替代

机械系统的替代原理，是指利用物理场或其他形式的作用来替代机械系统的作用，可

图3.33 采用虚拟驾驶系统训练驾驶员

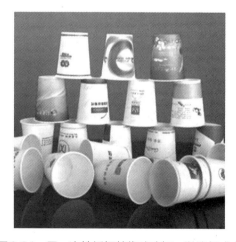

图3.34 用一次性纸杯替代玻璃杯，以降低成本

以理解为一种操作上的改变，有以下四方面的含义。

① 用光学、声学等设计原理代替力学设计原理。例如：用声音栅栏代替实物栅栏，如光电传感器；在燃气中掺入难闻气体，警告使用者气体泄漏，替代机械或电子传感器；用激光切割代替水切割。

② 用电场、磁场和电磁场同物体发生相互作用。例如：用磁力搅拌代替机械搅拌（图3.35）；静电除尘；电磁场代替机械振动使粉末混合均匀。

图3.35　磁力搅拌机

③ 用运动场代替静止场，时变场代替恒定场，结构化场代替非结构化场。例如：早期的通信系统采用全方位发射方式，现在用特定发射方式的天线。

④ 利用铁磁颗粒组成的场。例如：用不同的磁场加热含磁粒子的物质，当温度达到一定程度时，物质变成顺磁，不再吸收热量，来达到恒温的目的。

（29）气动与液压结构

图3.36　气垫运动鞋

气动与液压结构原理，是指用气体或液体代替物体的固体部分。例如：火车上用气囊来固定货物；气垫运动鞋（图3.36）；使用内河水系辅助气候控制；采矿坑道中的可伸缩液压支架；减缓玻璃门关闭的地锁中的缓冲阻尼器；射钉枪；高压水洗车等。

（30）柔性壳体或薄膜

柔性壳体或薄膜原理，是指将传统构造改成薄膜或柔性壳体构造，或者充分利用薄膜或柔性材料使对象产生变化，有以下两方面的含义。

① 利用软壳或薄膜代替一般的结构。例如：农业上用塑料大棚种菜（图3.37）；儿童的充气玩具；装饮料的瓶子用塑料替代原来的玻璃。

② 用软壳或薄膜使物体同外部介质隔离。例如：食品的保鲜膜；用薄膜将水和油分别储藏；在蓄水池表面漂浮一层双极材料（一面为亲水性，另一面为疏水性）的薄

图3.37　用塑料薄膜替代玻璃建造大棚

膜，减少水的蒸发；真空铸造时在模型和砂型间加一层柔性薄膜，以保持铸型有足够的强度。

（31）多孔材料

多孔材料原理，是指通过多孔的性质改变气体、液体或固体的存在形式，有以下两个方面的含义。

① 把物体做成多孔的或利用附加多孔元件（镶嵌、覆盖等）。例如：空心砖利用多孔减轻重量；海绵床垫利用多孔增加其柔韧度；泡沫金属减轻了重量，但保持了其强度；多孔的糕点味道会更鲜美。

② 如果物体是多孔的，则利用多孔的性质形成有用的物质或功能。例如：医用脱脂棉吸附药液；活性炭吸收有害物质；多孔不锈钢材料制成的过滤器，可以吸附杂质。

（32）改变颜色

改变颜色原理，是指通过改变系统的色彩，借以提升系统价值或解决问题，有以下四方面的含义。

① 改变物体或外部环境的颜色。例如：红灯停、绿灯行；通过改变颜色指示产品的有效期；动物身上的保护色；环卫工人身上的荧光色彩（图3.38）。

② 改变物体或外部环境的透明度或可视性。例如：随着光线改变颜色的眼镜片；测试酸碱度的pH试纸；透明医用绷带。

③ 为了观察难以看到的物体或过程，利用染色添加剂。例如：紫外光笔可辨别真伪钞；计算机软件中的流场可视化技术；用于检测光缆破损区的变色触膜。

④ 如果已采用了某种添加剂，则借助其发光物质。例如：在炼钢厂，使用彩色水帘保护工人免遭紫外线伤害；发光的斑马线让夜间通行更安全。

图3.38 环卫工人的工作服色彩艳丽并有荧光

（33）同质性

同质性原理也称同化原理，是指与指定物体相互作用的物体应当用同一（或性质相近的）材料制作而成。例如：方便面的料包外包装用可食性材料制造；蛋筒冰淇淋中的蛋筒既是容器也是食材；用金刚石切割钻石，切割产生的粉末可以回收；用气态氧解冻固态氧；使用可吸收的缝合线缝合伤口。

（34）抛弃与修复

抛弃与修复原理，是指抛弃与再生的过程合二为一，在系统中除去的同时对其进行恢复，有以下两方面含义。

① 已完成自己的使命或已无用的物体部分应当剔除（溶解、蒸发等）或在工作过程中直接变化。例如：药品的糖衣或胶囊，在消化中直接消除；火箭发动机采用分级方式，燃

图3.39 冰灯在过季后让其自动溶化

料用完后直接抛弃分离；冰灯自动融化（图3.39）；用冰做射击用的飞碟等。

② 消除的部分应当在工作过程中直接利用。例如：自动铅笔；草坪剪草机的自锐系统等。

（35）参数变化

参数变化原理，是指为系统提供一种有用的创新。这里包括的不仅是简单的过渡，例如从固态过渡到液态，还有向"假态"（假液态）和中间状态的过渡，有以下四方面的含义。

① 改变系统的物理状态。例如：采用弹性固体；转化成液态以运输气体，以减少体积和成本；固体胶更方便使用（图3.40）等。

② 改变浓度或密度。例如：用浓缩洗手液代替肥皂水，可以更耐用。

③ 改变系统的灵活度。例如：硫化橡胶改变了橡胶的柔性和耐用性；内部有弹簧片的流体定量调节器，通过弹簧片间距来控制流量。

④ 改变系统的温度或体积。例如：提高烹饪食品的温度（改变食品的色、香、味）；为提高锯木的生产率，建议用超高频率电流对锯口进行加热；低温保鲜水果和蔬菜等。

（36）状态变化

状态变化原理，是指对相变时发生的现象进行利用。例如：水在固态时体积膨胀，可利用这一特性进行定向无声爆破；日光灯在灯管中的电极上利用液态汞的蒸气；工业上用冰盐制冷；加湿器；抗洪沙包。

（37）热膨胀

热膨胀原理，是指将热能转换为机械能或机械作用，有以下两方面的含义。

① 利用材料的热胀冷缩性质。如：温室盖用铰链连接的空心管制造，管中装有易膨胀液体；温度变化时，管子自动升起和降落；热气球（图3.41）；自动喷淋系统；铁轨中预留的缝隙；中医用的拔火罐等。

② 利用一些热膨胀系数不同的材料。例如：双金属热敏开关；记忆合金在一定温度下恢复成原来状态。

（38）加速强氧化

加速强氧化原理，指通过加速氧化过程，以期得到应有的创新，有以下四方面的含义。

① 用富氧空气代替普通空气。例如：为持久在水下呼吸，水中呼吸器中储存浓缩空气。

② 用纯氧替换富氧空气。例如：用乙炔-氧代替乙炔-空气切割金属；用高压纯氧杀灭伤口中的厌氧细菌；

图3.40 固体胶比胶水更易于携带和使用

图3.41 通过加热空气使其膨胀给热气球充气并升空

高压氧舱治疗新生儿疾病等。

③ 用电离辐射作用于空气或氧气，使用离子化的氧。例如：空气过滤器通过电离空气来捕获污染物；使用离子化气体加快化学反应进行。

④ 用臭氧替换臭氧化的（或电离的）氧气。例如：臭氧溶于水中可去除船体上的有机污染物；为了增强氧化和增大镜箔的均一性，利用在臭氧媒质中化学输气反应法制取铁箔；潜水艇压缩舱的发动机用臭氧做氧化剂，可使燃料得到充分燃烧。

图3.42 用惰性气体填充灯泡，做成霓虹灯

（39）惰性环境

惰性环境原理，是指制造惰性的环境，以支持所需要的效应，有以下三方面的含义。

① 用惰性介质代替普通介质。例如：用惰性气体处理棉花，用以预防棉花在仓库中燃烧；霓虹灯内充满了惰性气体，发出不同颜色的光（图3.42）；用惰性气体填充灯泡，防止灯丝氧化。

图3.43 真空包装食品，延长存放期

② 添加惰性或中性添加剂到物体中。例如：添加泡沫以吸收声振动；高保真音响等。

③ 在真空中进行某一过程。例如：真空吸尘器；真空包装（图3.43）；真空镀膜机等。

（40）复合材料

复合材料原理，是指用复合材料代替均质材料。例如：复合地板；焊接剂中加入高熔点的金属纤维；用玻璃纤维制成的冲浪板，如图3.44所示；超导陶瓷；铝塑管；防弹玻璃等。

图3.44 用玻璃纤维制成的冲浪板

 本章习题

一、单选题

1. 防弹衣使用的发明原理是（　　）。
   A. 分割　　　　　　B. 变有害为有益　　C. 参数变化　　D. 预加反作用

2. 双狙击手配置体现了（　　）原理。
   A. 机械系统的替代　　B. 预补偿　　C. 维数变化　　D. 重量补偿

3. 跑步机运用的发明原理（　　）。
   A. 中介物　　　　　　B. 热膨胀　　C. 反向　　D. 曲面化

4. 肿瘤手术时，一般都要把肿瘤周围健康组织切除一部分，以保证切除彻底，体现了（ ）。
   A. 周期性作用　　　B. 变有害为有益　　C. 分割　　　D. 未达到或超过的作用

5. 钢琴上的黑键高于白键可以使弹奏更加容易，使用到的是（ ）。
   A. 维数变化　　　B. 动态化　　　C. 反馈　　　D. 参数变化

6. 对隐形眼镜进行超声波清洗应用的（ ）发明原理。
   A. 不对称　　　B. 自服务　　　C. 套装　　　D. 振动

7. 钉钉子时，使用锤子反复敲打采用的是（ ）。
   A. 未达到或超过的作用　B. 同质性　　　C. 周期性作用　　　D. 紧急行动

8. 对牛奶进行超高温瞬时灭菌，采用的是（ ）。
   A. 惰性环境　　　B. 加速强氧化　　　C. 状态变化　　　D. 紧急行动

9. 为了保证钠的性质不变，把钠放在煤油中保存采用的是（ ）。
   A. 中介物　　　B. 分割　　　C. 分离　　　D. 同质性

10. 一次性雨衣、一次性纸杯体现了（ ）原理。
    A. 低成本、不耐用的物体代替昂贵、耐用的物体　　　B. 柔性壳体或薄膜
    C. 抛弃与修复　　　D. 气动与液压结构

二、填空题

1. 全智能声控开关，体现了_____。
2. 空调中产生噪声的压缩机置于室外运用了_____。
3. 蜂窝煤体现的是_____原理。
4. 在TRIZ理论的发明原理中，键盘是运用了_____原理。
5. 伸缩式望远镜运用的是_____原理。
6. 在组装成品之前，先将产品组装成半成品体现了_____。
7. 应急灯备用电源运用的是_____原理。
8. 候机大厅中的专用吸烟室运用了_____原理。
9. 医院的床可以根据病人的需要提升或降低，运用了_____。

三、简答题

1. 请简述分离原理。
2. 请简述组合原理并举例。
3. 在TRIZ理论的发明原理中，遇到森林起火，进行灭火工作时，要在火势推进的前方，预先将草木烧光，利用了哪个发明原理？请再举一个运用同样原理的例子。

第四章 物质-场模型分析与标准解

4.1 物质-场模型

4.1.1 物质-场模型基本概念

任何工具，无论是简单的还是复杂的，无论是先进的还是落后的，它之所以出现，都是为了实现某种目的。通常，工具的功能是其使用目的的具体体现。同时，任何工具要想实现其功能，都需要有一个作用对象。只有当该工具作用于这个作用对象上的时候，工具的功能才能得以实现。因此，从这个角度来讲，工具是功能的载体，作用对象是功能的受体，而作用就是联系工具和作用对象的桥梁。例如，当用锤子砸钉子的时候，锤子是工具，钉子是作用对象，而"砸"就是将锤子和钉子联系起来的作用。

从更抽象的层次上来看，上述的作用可以理解为是一种"运动"。根据能量守恒定律，任何事物都不可能无缘无故"动起来"，之所以能够"动"，是因为背后有能量在起作用。同时，能量的供给形式也从某种形式上决定了运动（或作用）的方式。为了表示这种隐藏在作用背后并对作用起决定作用的能量，阿奇舒勒从物理学中引入了"场"的概念。

通过以上的抽象过程，阿奇舒勒将技术系统简化为以下形式：技术系统是由"物质"和"场"这两种元素所构成的集合体。物质-场模型就是从功能的角度对技术系统进行抽象和建模，从而能够将注意力集中在问题发生的那个点上（最小范围）。对问题的模型描述，就是对问题所处情境的模型化抽象，也就是对需要改进的最小限度的可工作的技术系统的模型化描述。

（1）物质

物质指工程系统中包含的任意复杂级别的具体对象，可以是任何实质性的东西，例如基本粒子、铅笔、航天飞机、汽车、车轮、电话……

按照其在技术系统中的作用，物质可以分为：材料类物质，如基料、辅料等；工具类物质，如流水线、设备、部件（组件）、零件、特征等；人员类物质，如操作人员、参与者等；环境类物质，指技术系统所处的周围环境。

按照其物理状态，物质可以分为：典型物理状态的物质，如真空、等离子体、气体、液体和固体等；中间态和化合态物质，如气溶胶、液溶胶、固溶胶、泡沫、粉末、凝胶体、多孔物质等。按照其复杂程度和级别的层次性，物质可以分为：单元素，如螺钉、别针、纽扣等；复杂系统，如汽车、太空飞船、大型计算机等。

因此，物质-场模型中所说的物质比一般意义上的物质含义更广一些：它不仅包括各种材料，还包括技术系统（或其组成部分）、外部环境甚至活的有机体。这样的目的在于利用物质-场模型来简化解决问题的进程，可以暂时抛开物质中所有多余的特性，只提取出那些引起冲突的特性。物体的名称被"物质"这个中性词替代后，一下子就去除了对该物体的认知惯性，使矛盾显得更突出、更明显。

（2）场

在物理学中，人们把实现物质微粒之间相互作用的物质形式叫作场。目前已经发现的基本场共有四种：重力场、电磁场、强作用场和弱作用场。但是在技术系统中，物质之间的作用是多种多样的，能量的供给形式也是千变万化的，仅仅用这四种基本场很难非常确切地表示千差万别的作用。于是，阿奇舒勒对场这个从物理学中引入的概念进行了泛化，将存在于物质之间的各种各样的作用都用场来表示，并使用了更细的分类法，包括：力场（压力、冲击脉冲）、声场（超声波、次声波）、热场、电场（静电电流）、磁场、电磁场、光学场（紫外线、可见光、红外线）、电离辐射场、放射性辐射场、化学场（氧化、还原、酸性、碱性环境）、气味场等。

场提供了一种表示能量流、信息流、力流和相互作用的机制，其中最常见的就是用场来表示能量的来源。场的类型通常可以根据所使用的能量的类型来确定，例如电场、机械场、化学场、热场、声场等。因此，利用场的概念来描述物质之间的作用，不仅可以描述作用的能量供给形式，而且可以了解作用的实现原理。另外，场的存在总是假设物质的存在，这是因为物质是场的来源。

TRIZ理论指出，系统的进化本质上就是向着更高级、更复杂的场的进化。按照可控性由低到高的顺序，可以将场依次排列为：重力场→机械场→声场→热场→化学场→电场→磁场→辐射场。因此，如果某个技术系统当前若采用的是机械场的方式，接下来可以考虑用声场、热场、化学场、电场或磁场来替代机械场，从而推动技术系统向更高级的形式进化。

（3）物质-场模型

利用物质和场的概念对技术系统进行分析，不仅可以找出技术系统中所包含所有实体性对象，而且可以找出存在于这些实体性对象之间的作用关系，从而揭示出技术系统的作用机制。正是基于以上目的，阿奇舒勒提出了这种以技术系统为分析对象，以物质和场为基本分析要素，以揭示技术系统的作用机制为目的的分析方法，称为物质-场分析方法，简称为物场分析。

利用图形化语言对物场分析的结果进行描述，可以得到一个图形化的模型。通过描述技术系统中所包含的物质、场之间的关系，该图形化模型可以揭示技术系统的作用机制，将这种图形化的模型称为物质-场模型，简称为物场模型。

最简单的物场模型至少应该包含以下三个元素：

① 第一种物质（S_1）——作用的承受者（或称为产品）。
② 第二种物质（S_2）——作用的施加者（或称为工具）。
③ 场（F）——存在于作用施加者与作用承受者之间的作用。

第一种物质（S_1）是指技术系统中被生产、被制造、被控制、被测量或被改变参数的那个对象。因此，称其为作用的承受者或产品。

第二种物质（S_2）是指对第一种物质进行生产、制造、控制、测量或改变其参数的那个对象。因此，称其为作用的施加者或工具。

场（F）是指存在于第一种物质与第二种物质之间的作用。通常来说，这种作用就是第二种物质用来生产、制造、控制、检测或改变第一种物质的动作或行为。这种动作或行为以某种形式的能量为基础，由第一种物质（S_1）出发，作用于第二种物质（S_2）。

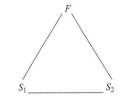

图4.1 最简单的物场模型

最简单的物场模型是一个稳定的三角形结构，如图4.1所示。

任何一种产品所具有的功能都必然是以某种物质为基础的，这种物质本身并不能实现所要求的功能，只有当它与外界环境（或其他物体）发生相互作用时才能实现其功能。在这种相互作用的情况下，任何一个变化，都伴随着能量的释放、吸收和转化。就是说，在形成产品的功能中，一般都应有两个物质和一个场，它们实现着物质间的相互作用、联系和影响，这就是物场模型的特定含义及其内容。

在TRIZ理论中，物场分析是针对特定问题对技术系统中最重要的部分进行建模的工具，也是识别该技术系统中所存在的问题的核心工具。物场模型描述的是一个最小限度的可工作的技术系统。阿奇舒勒创建的物场模型和物场分析，就是通过建立一个技术系统（其中所有的子系统、输入和输出都是已知的，且可以很容易地被确定）的形式化模型，提供一种对多个子系统及其相互作用的快速的、简单的描述。任何技术系统可以表示为物场的有序集合。

4.1.2 物质–场模型的建立

每个系统的出现都是为了实现某个确定的功能，而产品是功能的实现。阿奇舒勒通过对功能的研究，发现并总结出以下3条定律。

① 所有的功能都可以分解为3个基本元素，即两个物质S_1、S_2和一个场F。
② 一个存在的功能必定由这3个基本元素组成。
③ 将相互作用的3个基本元素进行有机组合将形成一个功能。

（1）图形符号

作为一种图形化的描述语言，物场模型有一套完整的图形符号。利用这些图形符号，可以描述任意复杂程度的技术系统。

在物场模型中，最基本的元素有两个：物质和场。物质是用其英文单词的首字母S加上阿拉伯数字来表示的，例如，S_0，S_1，S_2，S_3。

场是用其英文单词的首字母F加上阿拉伯数字来表示的，例如，F_0，F_1，F_2，F_3。

在场的作用下，物质之间的作用关系可以分为多种类型，分别用图4.2的符号来表示。

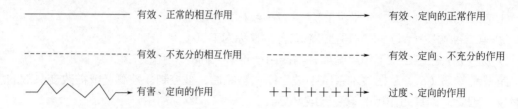

图4.2 作用关系的表达符号

（2）常用的物场模型

常用的物场模型有以下几种类型。

① 不完整模型。它指实现功能的3个元素不全，既可能缺场，也可能缺少物质（工具），如图4.3所示。比如日常生活中的电脑辐射对白领一族的身体健康造成影响，人们知道电脑有辐射，但大多数人却不知道如何防辐射，以及如何将辐射转化成其他可利用的能量。图4.4是防电脑辐射物场模型，图中只有物质S_1，却没有工具S_2和F。

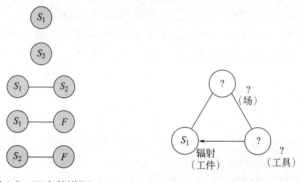

图4.3 不完整模型　　图4.4 防电脑辐射物场模型

② 有效完整模型。它指实现功能的3个元素齐全，且能有效实现功能，如图4.5所示。比如用手稳稳地拿着计算机，可以防止计算机掉在地上。此时，手与计算机之间的相互作用就是有用的且充分的，可以用如图4.6所示的物场模型来表示这种情况。

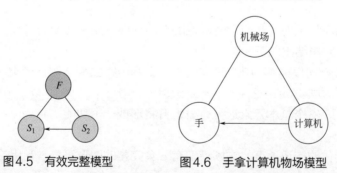

图4.5 有效完整模型　　图4.6 手拿计算机物场模型

③ 效应不足的完整模型。其指3个元素齐全，但是功能未能有效实现或实现得不足，如图4.7所示。比如在冰面行走时，由于摩擦力不足会导致打滑甚至摔倒，可以用图4.8所示的物场模型来表示这种情况。

④ 效应有害的完整模型。其指3个元素齐全，但产生了有害的效应，需要消除这些有害效应，如图4.9所示。比如在切削细长零件时，由于切削力的作用将导致零件发生很大的

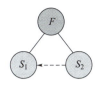
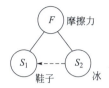

图4.7 效应不足的完整模型　　　　图4.8 冰面行走摩擦力不足的物场模型

弯曲变形,为解决此问题,可以引入附加力场来抑制这种大变形,即引入与长轴协同的支架产生的反作用力,其物场模型的改变过程如图4.10所示。

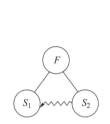
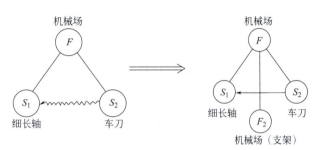

图4.9 效应有害的完整模型　　　　图4.10 加入附加场F_2消除有害效应的物场模型

主要场的表示符号见表4.1。常用的效应图形表示符号见表4.2。

表4.1 主要场的表示符号

符号	名称	示例
G	重力场	重力
Me	机械场	压力、冲击、脉冲、惯性、离心力
P	气动场	空气静力学、空气动力学
H	液压场	流体静力学、流体动力学
A	声学场	超声波、次声波
Th	热学场	热传导、热交换、绝热、热膨胀、双金属片记忆效应
Ch	化学场	燃烧、氧化反应、还原反应、溶解、置换、电解、键合
E	电场	静电、感应电、电容电
M	磁场	静磁、铁磁
O	光学场	光(红外线、可见光、紫外线)反射、折射、偏振
R	放射场	X射线、不可见电磁波
B	生物场	发酵、腐烂、降解
N	粒子场	电子、中子、同位素

表4.2 常用的效应图形表示符号

符号	意义	符号	意义
———	必要的作用或效应	═══	最大或过度的作用或效应
······	不足或无效的作用或效应	∼∼∼	最小的作用或效应
⋁⋁⋁	有害的作用或效应	⋀⋁⋀⋁	过度有害作用或效应

续表

符号	意义	符号	意义
⟶	作用方向	⋀⋀⋀⋀	有益的和有害的同时存在
⇒	物场转换方向		

（3）完整的物场模型

一个最基本的、最低限度的、完整的物场模型应该包括以下三个元素：S_1——作用承受者；S_2——作用施加者；F——场（即能量的传递形式）。另外，上述的三种元素之间必须存在某种作用关系，这种关系可以是相互的（双向箭头或无箭头），也可以是单向的（单向箭头）。

如果一个物场模型中缺少了这三个元素中的任意一个，就称该物场模型是一个不完整的物场模型。从某种意义上来说，不完整的物场模型不能算是物场模型，而只是一些零散对象。所以把将不完整的物场模型变成完整的情况称作是"建立物场模型"。

图4.11 不完整的物场模型

在图4.11中，（a）中只有物质S_1，缺S_2和F；（b）中有物质S_1和S_2，缺F；（c）中包含了物质S_1和场F，缺S_2。因此，这三个物场模型都是不完整的，称为不完整的物场模型。

场和作用的关系比较微妙。在某些情况下，场和作用这两个元素是"一体"的，即场就是作用，作用就是场；而在大多数情况下，场和作用这两个元素是相对"独立"的，场就是场，作用就是作用，但作用是在场的基础上产生的。

任何物质和场都不是孤立存在的，都是处于一定的环境当中的，并且与环境之间存在着各种联系。尤其是场，任何场都不会平白无故地产生或存在，都是有一定的物质作为基础。

（4）物场模型变换

物场模型与化学反应方程式之间有一定相似性。在写化学反应方程式的时候，会不考虑物质的许多性质，例如物质的磁学性质、光学性质、密度等，只有那些在化学上最重要的性质才反映出来。同样，在物场模型中，除了那些对这个系统的功能很重要的性质外，可以不考虑其他的性质，即物场模型只反映系统中关于"物质"和"场"的成分、结构的信息。

在化学反应方程式中，方程式的左边是参与化学反应的物质；中间是符号"＝"，表示"生成"；右边是化学反应的产物。例如：$HCl+NaOH=NaCl+H_2O$。

同理，在物场模型变换中，左边是问题模型；中间是符号"→"，表示"转换为"；右边是解模型。问题模型、符号"→"和解模型共同构成了一个物场模型变换的表达式，如图4.12所示。

第四章 物质-场模型分析与标准解

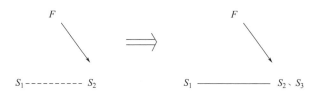

图4.12 物场模型变换的表达式

同时，在利用物场模型来表达一个技术系统的时候，对于同一个问题，由于观察角度的不同，得到的物场模型也会不同。也就是说，对于同一个问题，可以画出几种不同的物场模型。

 设计一种容易拔出的楔子。

解决方案：将楔子分为两个部分，其中一个部分是易熔的，如图4.13所示。

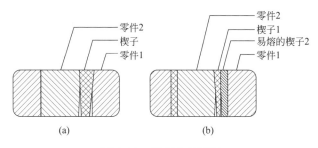

图4.13 易拔出的楔子

对于上述问题及其解决方案，可以表示为如下几种不同的物场模型变换：

① 以问题中的楔子为观察对象（即以楔子作为系统），从可控性的角度分析问题，如图4.14所示。在这个物场模型变换表达式中，左边的问题模型只有一个元素，是一个不完整的物场模型，表现为楔子的可控性差（不容易拔出）。为了解决这个问题（提高楔子的可控性），需要将"缺失"的元素补齐。右边的解模型表示：为了改善系统的性能（可控性），向系统中引入"缺失"的元素——一种物质（易熔的楔子2）和一种场（热场），通过将不完整的物场模型变得完整来改善系统的性能。

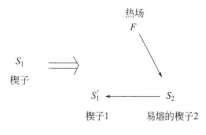

图4.14 以楔子为观察对象

② 以问题中包含的所有元素（零件1、零件2和楔子）为观察对象，并将零件1和零件2看成一个整体——组件，则整个系统包含两个对象：组件和楔子。从可控性的角度分析问题，如图4.15所示。

在这个物场模型变换表达式中，左边的问题模型表示：组件与楔子所组成的技术系统的可控性差。右边的解模型表示：为了解决这个问题（提高楔子的可控性），根据标准解2.1.1（参见表4.4），可以通过将问题模型中的某个元素转化为一个独立控制的、完整的物场模型，从而建立一个链式物场模型来增强系统的可控性。因此，通过引入一种物质（易熔的楔子2）和一种场（热场），将问题模型中的S_2转化为一个独立控制的、完整的物场模型，从而改善系统的可控性。

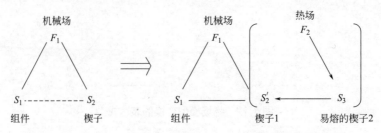

图4.15 以组件和楔子为观察对象,从可控性的角度分析问题

③ 以问题中包含的所有元素(零件1、零件2和楔子)为观察对象,并将零件1和零件2看做成一个整体——组件,则整个系统包含两个对象:组件和楔子。同时,从有害作用的角度分析问题(即假设组件对楔子的有害作用导致了楔子的可控性弱),如图4.16所示。

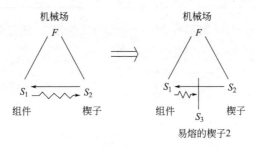

图4.16 以组件和楔子为观察对象,从有害作用的角度分析问题

在这个物场模型变换表达式中,左边的问题模型表示:在组件和楔子所组成的技术系统中,有用作用(即楔子对组件的固定作用)和有害作用(即组件对楔子的机械作用使楔子很难拔出)同时存在。右边的解模型表示:为了解决这个问题(消除组件对楔子的有害作用),根据标准解1.2.1(参见表4.4),可以通过在这两种物质之间引入第三种物质来解决问题。因此,通过引入一种物质(易熔的楔子2),在保留系统中有用作用的同时,消除有害作用。

通过上述分析可以看出:在利用物场模型描述技术问题的时候,随着所选取的观察对象不同(即系统所包含的元素不同,或系统的边界不同),分析问题的角度不同,会得到不同的问题模型。不同的问题模型又对应于不同的标准解,从而得到不同的解模型。因此,对于同一个问题,不同的技术人员给出不同的问题模型,得到不同的解决方案是很正常的事情。读者在学习标准解系统的时候,需要花费一定的时间来学习如何灵活应用这些标准解。

在构建物场模型的时候,在某些问题中往往包含了很多的元素和场。究竟选择哪些元素作为观察对象(即选择哪些元素和场来构造最小化的系统)?当所选择的观察对象之间存在多个作用的时候,如何从多个作用中选择适当的作用作为场?基本原则是:选择那些最关键的元素或者说对系统中出现的问题起决定作用的元素作为观察对象;当观察对象之间存在多个作用的时候,选择一种最关键的、最关心的、与问题密切相关的作用作为场。

如果将问题描述中的所有物质和场都用物场符号表达出来的话,会形成一个复杂的网状结构。在这种网状结构中,所谓的问题往往会以"~~~~~~~~~~"、"⊥"或"-?-?-?"

的形式出现，可以选择这些符号两端的元素（或元素的集合）作为物场模型中的元素。同时，由上述三种符号、符号两端的元素和作用于符号两端元素上的场，会形成一个"链"，通常会优先选择这条"链"中将元素连接起来的作用作为场。例4.1的网状结构如图 4.17 所示。

在这个问题模型的网状结构中，楔子与零件1、零件2构成了一个三角形结构。因此，可以将零件1和零件2合并为一个集合（也可以看作是将两条虚线合并为一条虚线，零件1和零件2的合并只是虚线合并的结果），称其为组件。在构建解模型的时候，同样应该遵从上述原则。例如，在例4.1中，其解模型如图4.18所示。

对于这个解模型，可以将其表述为图4.19所示的链式表达形式。

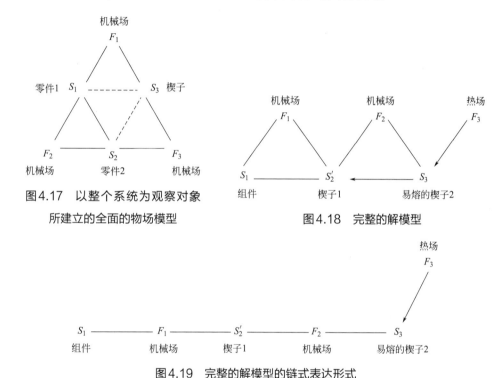

图4.17 以整个系统为观察对象所建立的全面的物场模型

图4.18 完整的解模型

图4.19 完整的解模型的链式表达形式

在这个"链"中，起始端是热场（F_3），终端是组件（S_1）。因此，这两个元素应该在最终的物场模型中。组件（S_1）与楔子1（S_2'）之间的作用（机械场F_1）是整个系统的"有用功能"，也应该在物场模型中被表达出来。楔子1（S_2'）与易熔的楔子2（S_3）之间的作用（机械场F_2）并不是所关心的，可以忽略掉，不必在最终的解模型中出现[这是因为解模型中的楔子1和易熔的楔子2只是问题模型中对象楔子的变异。而变异的目的是增加可控性，而不是在楔子1和易熔的楔子2之间产生机械作用。因此这个机械场（F_2）并不是所关心的]。热场（F_3）是在引入易熔的楔子2（S_3）的同时被引入到系统中的，它所起到的作用正是改善可控性的关键，因此一定要在最终的解模型中体现出来。所以可以将上述"完整的"解模型表示为图4.20中的形式。

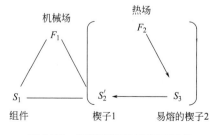

图4.20 解模型的最终表示形式

4.2 76个标准解法

4.2.1 76个标准解法概述

阿奇舒勒将76个标准解法按照所解决问题的类型分为5级,建立了标准解法的系统。在1~5级的各级中,又分为数量不等的多个子级,共有18个子级,具体分布如表4.3所示。76个标准解法的名称如表4.4所示。

表4.3 标准解法的分布

级别	名称	子级数	标准解法数
1	不改变或仅少量改变系统	2	13
2	改变系统	4	23
3	系统向超系统或微观级转化	2	6
4	测量与检测的标准解法	5	17
5	简化与改善策略	5	17
	合计	18	76

表4.4 76个标准解法名称

级别		标准解法名称
第1级:不改变或仅少量改变系统	1.1 改进具有非完整功能的系统	1.1.1 完善系统三要素
		1.1.2 建立内部复杂的物场模型
		1.1.3 建立外部复杂的物场模型
		1.1.4 引入环境的物场模型
		1.1.5 引入环境和添加物的物场模型
		1.1.6 最小模式
		1.1.7 最大模式
		1.1.8 引入保护性物质
	1.2 消除或中和系统内的有害影响	1.2.1 引入外部物质消除有害效应
		1.2.2 通过改进现有物质来消除有害效应
		1.2.3 消除场的有害作用来消除有害关系
		1.2.4 用场F_2来抵消有害作用
		1.2.5 "关闭"磁影响
第2级:改变系统	2.1 向复杂的物场模型转化	2.1.1 链式物场模型
		2.1.2 双重物场模型
	2.2 增强物场模型	2.2.1 使用更可控的场
		2.2.2 物质S_2的分裂
		2.2.3 使用毛细管和多孔的物质
		2.2.4 动态性

续表

级别		标准解法名称	
第2级：改变系统	2.2 增强物场模型	2.2.5	结构化场
		2.2.6	结构化物质
	2.3 改变频率	2.3.1	使 F 和 S_1 或 S_2 自然频率匹配或不匹配
		2.3.2	匹配 F_1 和 F_2 的频率
		2.3.3	两个不相容或独立的动作可相继完成
	2.4 建立铁磁场模型	2.4.1	在一个系统中增加铁磁材料或磁场
		2.4.2	将2.2.1与2.4.1结合，利用铁磁材料和磁场
		2.4.3	使用磁流体
		2.4.4	铁磁场模型中应用毛细管结构
		2.4.5	建立复杂的铁磁场模型
		2.4.6	引入环境的铁磁场模型
		2.4.7	应用物理效应和现象
		2.4.8	动态化
		2.4.9	结构化
		2.4.10	在铁磁场模型中匹配节奏
		2.4.11	电-场模型
		2.4.12	电流变液
第3级：系统向超系统或微观级转化	3.1 系统转化1：向双系统和多系统转化	3.1.1	系统转化1a：创建双元和多元系统
		3.1.2	加强双元和多元系统内的链接
		3.1.3	系统转化1b：加大元素间的差异
		3.1.4	双元和多元系统的简化
		3.1.5	系统转化1c：系统整体或部分的相反特性
	3.2 系统转化2：向微观级转化	3.2.1	向微观级转化
第4级：测量与检测的标准解法	4.1 间接方法	4.1.1	以系统改变代替检测或测量
		4.1.2	应用复制
		4.1.3	利用两个测量值代替一个连续测量
	4.2 建立新的测量系统	4.2.1	测量物场模型的合成
		4.2.2	合成测量的物场模型
		4.2.3	引入环境中的检测或测量场
		4.2.4	从环境中取得添加物
	4.3 增强测量系统	4.3.1	应用物理效应和现象
		4.3.2	应用样本的谐振
		4.3.3	应用连接物质的谐振

续表

级别		标准解法名称	
第4级：测量与检测的标准解法	4.4 转化为铁-场模型	4.4.1	测量预铁-场模型
		4.4.2	测量铁-场模型
		4.4.3	合成测量铁-场模型
		4.4.4	引入环境测量铁-场模型
		4.4.5	应用物理效应和现象
	4.5 测量系统进化的趋势	4.5.1	转化为双元和多元系统
		4.5.2	测量待测物演化的衍生物
第5级：简化与改善策略	5.1 引入物质	5.1.1	间接方法
		5.1.2	分裂物质
		5.1.3	物质的"自消失"
		5.1.4	引入膨胀结构和泡沫
	5.2 引入场	5.2.1	利用场的多种用途
		5.2.2	使用环境中的场
		5.2.3	利用能产生场的物质
	5.3 相变	5.3.1	相变1：变换状态
		5.3.2	相变2：动态化相态
		5.3.3	相变3：利用伴随现象
		5.3.4	相变4：向双相态转化
		5.3.5	利用相位之间的交互作用
	5.4 应用物理效应和现象的特性	5.4.1	利用自我可控性的物理转换
		5.4.2	增强输出场
	5.5 产生物质的高级和低级方法	5.5.1	通过降解更高一级结构的物质来获取所需物质
		5.5.2	通过合并低等级结构的物质来获取所需物质
		5.5.3	介于5.5.1和5.5.2之间

  标准解法的第1级中的解法聚焦于建立和拆解物场模型，包括创建需要的效应或消除不希望出现的效应的系列法则，每条法则的选择和应用将取决于具体的约束条件。第2级由直接进行效应不足的物场模型的改善以及提升系统性能但实际不增加系统复杂性的方法所组成。第3级包括向超系统和微观级转化的法则。这些法则继续沿着系统改善的方向前进。第2级和第3级中的各种标准解法均基于以下技术系统进化路径：增加集成度再进行简化的法则、增加动态性和可控性进化法则、向微观级和增加场应用的进化法则、子系统协调性进化法则等。第4级专注于解决涉及测量和探测的专项问题。虽然测量系统的进化方向主要服从共同的一般进化路径，但这里的专项问题有其独特的特性。尽管如此，第4级的标准解法跟第1级、第2级、第3级中的标准解法有很多地方是相似的。第5级包含标准解法的应用和有效获得解决方案的重要法则。一般情况下，应用第1~4级中的标准解法会导致系统复杂

性的增加，因为给系统引入了另外的物质和效应是有可能的。第5级中的标准解法将引导大家如何给系统引入新的物质而又不会增加任何新的东西，这些解法专注于对系统的简化。

在各级别中均有数量不等的子级，共18个。每个子级代表着各个可选的问题解决方向。在根据问题建立所在系统或子系统的物场模型后，再根据物场模型所表述的问题先选择级别再选择子级，使用子级下的几个标准解法来获得问题的解。

标准解法是针对标准问题而提出的解法，它适于解决标准问题并快速获得解决方案，标准解法是阿奇舒勒后期进行的TRIZ理论研究的最重要课题，同时也是TRIZ高级理论的精华之一。

标准解法也是解决非标准问题的基础，非标准问题主要应用ARIZ算法来解决，而ARIZ算法的重要思路是将非标准问题通过各种方法进行变换，使之转化为标准问题，然后应用标准解法来获得解决方案。

4.2.2 76个标准解法的应用

标准解法的五个级别分别代表着一个可选的问题解决方向，在应用前，需要对问题进行详细的分析，建立问题所在系统或子系统的物场模型，然后根据物场模型所表述的问题，先选择级别再选择子级，使用子级下的几个标准解法来获得问题的解。这样的一套普遍适用性的标准解法，一方面，给发明解决问题提供了丰富的解决方法，在物场模型分析的基础上，可以迅速有效地使用标准解法来解决那些在过去看来几乎不可能解决的问题；另一方面，标准解法数量庞大，给使用者造成如何快速地找到合适的标准解法的难题。在不断使用和实践的过程中，人们总结出了一整套可遵循的使用步骤和流程，分为四个步骤。

① 确定所面临的问题类型。首先要确定所面临的问题属于哪类问题，是要求对系统进行改进，还是要求对某件物体有测量或探测的需求。问题的确定过程是一个复杂的过程，建议按照下列顺序进行：问题工作状况描述，最好配有图片或示意图陈述问题状况；分析产品或系统的工作过程，尤其是物流过程需要表述清楚；零件模型分析包括系统、子系统、超系统3个层面的零件，以确定可用资源；功能结构模型分析是将各个元素间的相互作用表述清楚，用物场模型的作用符号进行标记；确定问题所在的区域和部件，划分出相关的元素。

② 如果面临的问题要求对系统进行改进，则应当：建立现有系统或情况的物场模型；如果是不完整物场模型，应用标准解法1.1中的8个标准解法；如果是有害效应的完整模型，应用标准解法1.2中的5个标准解法；如果是效应不足的完整模型，应用第2级标准解法中的23个标准解法和第3级标准解法中的6个标准解法。

③ 如果问题是对某件东西有测量或探测的需求，应用第4级标准解法中的17个标准解法。

④ 当获得了对应的标准解法和解决方案，检查模型是否可以应用第5级标准解法中的17个标准解法来进行简化；第5级标准解法也可以被考虑为是否有强大的约束限制新物质的引入和交互作用的产生。

在应用标准解法的过程中，必须紧紧围绕系统所存在的问题，同时考虑系统的实际限制条件，灵活进行应用，并追求最优化的解决方案。很多情况下，综合应用多个标准解法，对问题的彻底解决有积极意义，尤其是第5级的17个标准解法。

以上76个标准解法的应用可用流程图来表达，如图4.21所示。

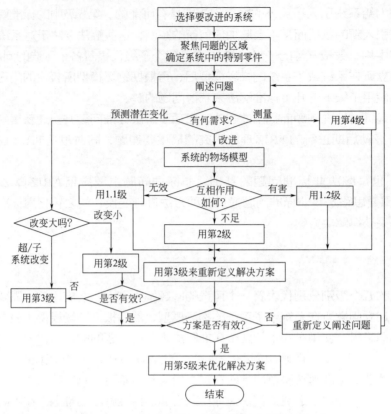

图4.21 76个标准解法的应用流程

本章习题

一、单选题

1. 通过大量的专利分析，在物质－场模型分析方法的基础上，阿奇舒勒等提出了（　　）种标准解。
   A．76　　　　　　B．80　　　　　　C．92　　　　　　D．96

2. 在TRIZ理论的物场模型中，常用物场模型有（　　）种类型。
   A．2　　　　　　　B．3　　　　　　　C．4　　　　　　　D．5

3. 在TRIZ理论的物场模型中，代表有害效应功能的图形为（　　）。
   A．实线箭头　　　　B．虚线箭头　　　　C．直线　　　　　　D．曲线箭头

4. 在TRIZ理论的物场模型中，不足效应功能图形为（　　）。
   A．实线箭头　　　　B．虚线箭头　　　　C．直线　　　　　　D．曲线箭头

5. 在TRIZ理论的物场模型中，应用标准解法来解决问题，第一步是（　　）。
   A．确定所面对问题类型

B. 建立现有系统的物场模型

C. 如果问题是对某样东西有测量或者探究要求，应用第四类标准解法中的17个标准解法

D. 建立现有情况的物场模型

6. 应用TRIZ理论解决问题时，将其他工程系统的优点转移到本工程系统，以弥补本工程系统的缺点，使其兼具二者的优点。这是（　　）阶段的（　　）工具。

A. 问题识别　特性传递

B. 问题解决　特性传递

C. 问题识别　进化法则分析

D. 问题识别　优势传递

7. 如果功能的对象是系统中的其他组件，则这个功能是（　　）。

A. 辅助功能

B. 附加功能

C. 基本功能

D. 过量功能

8. 功能–成本分析图中，需要设法去掉并转移有用功能的象限是（　　）。

A. 第一象限　　　B. 第二象限　　　C. 第三象限　　　D. 第四象限

9. 应用TRIZ理论解决问题时，问题识别阶段的重点是对工程系统进行全面分析并且识别（　　）来解决。

A. 正确的问题

B. 正确的缺点

C. 关键的问题

D. 关键的缺点

二、简答题

什么是物质–场模型？

三、讨论题

1. 物场模型是TRIZ中一个非常重要的工具，该模型对于描述产品的一个功能是方便的。但是一个产品往往有多个功能，当该模型用于描述多功能技术系统时便会遇到很大困难，甚至无法进行描述。TRIZ本身如何解决这个技术矛盾？

2. 我国食品安全问题备受大众关注，尤其是牛奶的生产、运输、消费等，试用76个标准解法提出系统解决方法。

3. 研究标准解法和发明原理的对照关系可以加深对两者的理解，尝试"发明"更多发明原理及标准解法。

第五章
TRIZ在装备制造业中的应用

5.1 降低基于滑模控制器的机器人控制系统中的抖振设计

5.1.1 工程项目简介

滑模控制算法具有快速响应、无需系统在线辨识、物理实现简单等优点,被广泛应用于机器人控制系统中。滑模控制算法不连续开关特性会引起系统的抖振。该发明对基于滑模控制器的机器人轨迹跟踪系统中的抖振问题进行设计,通过TRIZ进行分析,试找出问题的解决方案,降低系统抖振,最终降低系统的稳态跟踪误差低于4%。具体包括:

① 运用了TRIZ理论中功能模型原因分析理论,对"方向控制律的趋近律K3过大"的问题进行了解决。

② 运用了TRIZ理论中冲突解决方法,设计了一个扩展卡尔曼滤波器预测控制变量产生的抖动,并提前补偿控制变量的抖动。

机器人控制技术是机器人领域的核心技术。滑模控制算法具有快速响应、对应参数变化及扰动不灵敏、无需系统在线辨识、物理实现简单等优点,其被广泛应用于机器人控制系统中。

5.1.2 工程问题分析

(1)问题描述

滑模控制算法在本质上的不连续开关特性将会引起系统的抖振。该发明设计对基于滑模控制器的机器人轨迹跟踪系统中的抖振问题进行研究,通过TRIZ创新方法进行分析,试找出问题的解决方案,降低系统抖振,最终降低系统的稳态跟踪误差。

该系统通过摄像头获得目标轨迹的位置方向信息，通过机器人定位算法获得自身位置方向信息。设计两个滑模控制器构成双闭环控制系统，用于控制机器人跟随目标轨迹。位置子系统为外环，姿态子系统为内环，外环产生中间指令信号并传递给内环系统，内环则通过滑模控制律实现对中间指令信号的追踪。通过调整内外环控制增益系数，使得内环收敛速度大于外环收敛速度，保证闭环系统的稳定性。相应技术参数如图5.1所示。

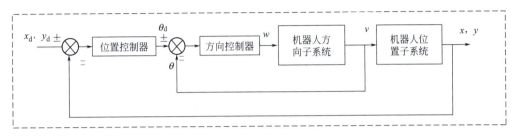

图5.1　技术参数图

技术参数包括：位置控制器、方向控制器、机器人方向子系统、机器人位置子系统等。图5.2表示的是跟踪目标示意图。

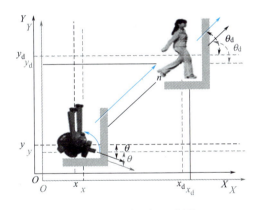

图5.2　跟踪目标示意图

（2）发明问题初始形势分析

① 系统工作原理。该系统通过摄像头获得目标轨迹的位置方向信息，通过机器人定位算法获得自身位置方向信息，设计两个滑模控制器构成双闭环控制系统，用于控制机器人跟随目标轨迹。位置子系统为外环，姿态子系统为内环，外环产生中间指令信号并传递给内环系统，内环则通过滑模控制律实现对中间指令信号的追踪。通过调整内外环控制增益系数，使得内环收敛速度大于外环收敛速度，保证闭环系统的稳定性。

② 存在主要问题。机器人跟踪目标轨迹过程中存在抖动问题，运行不稳定，甚至跟丢目标。

③ 限制条件。目标做椭圆运动时，开关需要频繁切换。

④ 目前解决方案与不足。

方案一：设计低通滤波器对控制信号进行平滑滤波。缺点：降低系统的鲁棒性，滤波器选择对系统参数外界干扰敏感。

方案二：利用观测器消除外加干扰及不确定项，减少抖振来源。缺点：理论上可行，但是如何实现有待进一步研究。

方案三：利用遗传算法优化。缺点：实时性无法保证。

（3）系统分析

新系统要求当目标做椭圆转弯时，跟踪误差由10%减小到4%以下，如图5.3所示。

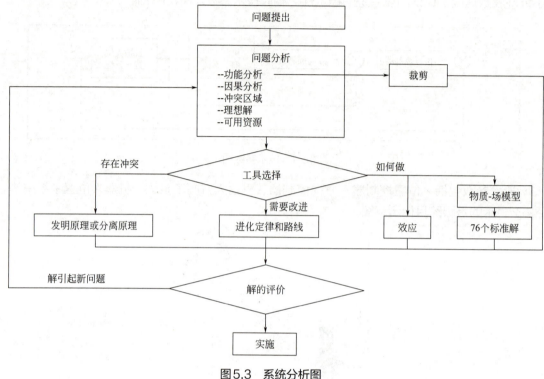

图5.3　系统分析图

5.1.3　TRIZ工具求解

最终理想解：控制器输出的控制变量无抖振，跟踪稳定误差为0。次理想解：控制器输出的控制变量无明显抖振，跟踪稳定误差小于4%。

工具一：冲突解决理论1。

① 冲突描述：为了降低双闭环滑模控制系统中方向控制律输出的"抖振"，需要减小其增益ζ，但这样做了会导致系统的鲁棒性降低。鲁棒性是指控制系统在一定的参数摄动下，维持其他某些性能的特性。

② 改善的参数——稳定性，恶化的参数——强度。

③ 查找矛盾矩阵，得到如下发明原理：9、15、17。

工具二：冲突解决理论2。

① 冲突描述：为了降低双闭环滑模控制系统的"抖振"，需要降低趋近律增益K_3，但这样做会导致系统的收敛速度变慢。

② 转换成TRIZ标准冲突：改善的参数为稳定性；恶化的参数为运动物体的作用时间。

③ 查找冲突矩阵，得到如下发明原理：10、13、27、35。

工具三：物质-场模型分析及76个标准解。

根据所建问题的物质-场模型，应用标准解解决问题的流程，使用标准解1.2.1。当前设计中同时存在有用和有害作用，S_1（速度）和 S_2（不确定项及随机干扰）不必直接接触，引入 S_3 消除有害作用。

5.1.4 工程问题的解

方案1：依据发明原理"10预操作"，在操作开始前，使物体局部或全部产生所需的变化。因而可得到解决方案：

在滑模面中增加微分环节（预测控制），设计积分微分滑模面，在降低系统抖振的情况下，减小系统超调。

方案2：依据发明原理"35参数变化"，改变物体的柔性。依据该原理，得到解决方案：

设计一个变边界饱和函数的趋近律代替符号函数。以滑模面作为自变量，边界层外控制作用能够将系统状态推动到边界层内，边界层内趋近律为

$$\dot{s} = -\varepsilon \frac{s}{\phi(s)} + f(x)$$

方案3：依据标准解1.2.1，得到问题的解如下。

利用小波变换对控制变量进行能量分析，当出现抖振时会发生能量变化，针对信号的能量特点设计低通滤波器去除抖振。

最终确定方案为：

设计一个变边界饱和函数的趋近律代替符号函数，构造基于变边界饱和函数趋近律的双闭环滑模控制系统。以滑模面作为自变量，边界层外控制作用能够将系统状态推动到边界层内，边界层内趋近律为

$$\dot{s} = -\varepsilon \frac{s}{\phi(s)} + f(x)$$

5.2 提高工业机器人末端执行器的更换效率

5.2.1 工程项目简介

机器人法兰盘可同时连接的工具数量有限，当需要更换不同工具对工件进行操作时，更换过程费时费力。本项目应用TRIZ理论，通过系统的分析，采用功能模型分析、冲突解决理论、物理冲突、物质–场模型分析等工具，解决了工业机器人末端执行器的更换效率低的问题。具体方案为：使用快换接头或快换工具，设置工具库，在同一位置快速切换工具。

目前所用的工业机器人在执行作业时，对于同一个任务，可能会用到不同的末端执行器，比如吸盘、夹爪。图5.4为一工业机器人。使用时，比如装配不同的工件，可能需要用到不同的末端执行器才能实现，故使用过程中会频繁切换不同的末端执行器，而目前的末端执行器是通过法兰与机器人第六轴进行连接，在使用过程中更换末端执行器费时费力，不方便操作。本项目目的在于能够快速切换不同的执行器，并尽可能在同一工位进行切换，提高末端执行器的切换效率。

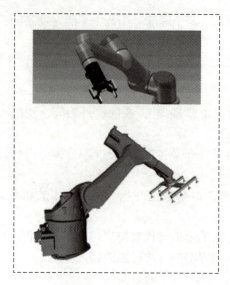

图5.4 工业机器人

5.2.2 工程问题分析

（1）发明问题初始形势分析

① 定义技术系统实现的功能。问题所在技术系统为：末端执行器。该技术系统的功能为：改变物体的位置及姿态。实现该功能的约束有：机器人法兰盘，气路接口，信号接口。

② 现有技术系统的工作原理。机器人夹爪及吸盘均由气泵供气作为动力，机械结构部分安装于机器人第六轴法兰盘上，使用时由I/O信号控制气阀开合，从而控制夹爪的开合以及吸盘的吸放。

③ 当前技术系统存在的问题。

a. 机器人法兰盘可同时连接的工具数量有限；

b. 当需要更换不同工具对工件进行操作时，更换过程费时费力。

④ 问题出现的条件、位置和时间。发生的条件：工业机器人搬运、码垛或装配。位置：工业机器人第六轴法兰盘位置。时间：机器人需要夹起或者吸附工件进行作业时。

⑤ 问题或类似问题的现有解决方案及其缺点。目前的解决方案有两种：

a. 在同一个法兰上在不同的角度连接两到三种执行器，作业过程中通过转动第六轴进行末端执行器的切换；

b. 采用各种快换工具。

⑥ 新系统的要求。能够快速对不同的工件进行操作，改变其位置及姿态。

（2）系统分析

① 建立已有系统的功能模型，如图5.5所示。三元件属性（图5.6）为：

移动不同工件需要的移动方式不同，需要多种工具间的切换；执行工具功能单一，无法适应不同工件；物体形状、材质不同，需不同的执行工具移动。

② 因果分析。应用因果链分析法确定产生问题的原因，如图5.7所示。

③ 冲突区域确定（问题关键点确定）。

问题关键点1：工件种类多，形状、材质不同；

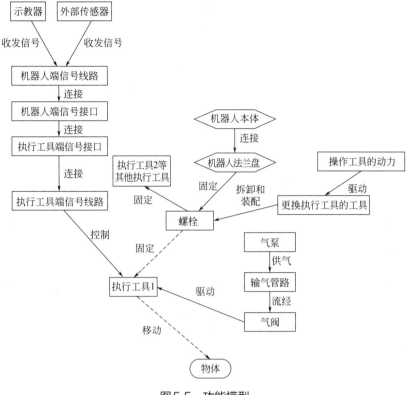

图5.5 功能模型

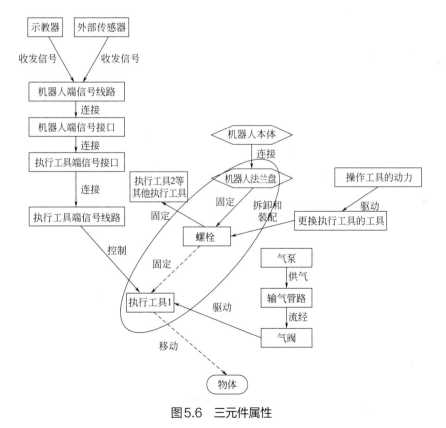

图5.6 三元件属性

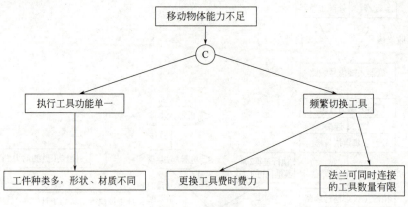

图5.7　因果分析

问题关键点2：更换工具费时费力；

问题关键点3：法兰可同时连接的工具数量有限。

④ 理想解分析。

a. 设计的最终目的是什么？增加可移动工件的种类。

b. 理想解是什么？能够快速切换针对不同工件的工具。

c. 达到理想解的障碍是什么？切换不同工具费时费力。

d. 出现这种障碍的结果是什么？机器人法兰可同时连接的工具数量有限。

e. 不出现这种障碍的条件是什么？创造这些条件存在的可用资源是什么？不去切换工具，利用超强吸力。依据理想解分析得到方案为：利用超强吸力吸取工件，可以忽略工件形状。

⑤ 可用资源分析。如表5.1所示。

表5.1　可用资源分析

资源名称	类别	可用性
夹爪	物质资源	改变夹爪的柔性，以贴合不同形状的物体
超强吸力	场资源	以超强吸力吸取工件，已忽略工件形状的影响

5.2.3　TRIZ工具求解

工具一：冲突解决理论

（1）技术冲突解决方法1

① 冲突描述：为了便于操作，需要适应更多不同种类的工件，但使用同一工具无法满足此要求，适应性差。

② 转换成TRIZ标准冲突：改善的参数为可操作性；恶化的参数为适应性及多用性。

③ 查找冲突矩阵，得到如下发明原理：15，34，1，16。

得到方案为：依据发明原理15，可使用柔性可变形的执行器，以适应不同的形状。

（2）技术冲突解决方法2

① 冲突描述：为了适应更多不同种类的工件，需要增加相对应工具的数量，但更换工

具的过程费时费力。

② 转换成TRIZ标准冲突：改善的参数为物质的量；恶化的参数为可操作性。

③ 查找冲突矩阵，得到如下发明原理：35，29，25，10。

得到方案为：依据发明原理25，可不更换工具，在同一位置同时装有不同工具，采用伸缩式快速切换。

（3）技术冲突解决方法3

① 冲突描述：为了方便切换工具，可通过在机器人法兰上同时安装多个工具，通过旋转机器人法兰快速切换不同工具，但受限于机器人法兰本身的尺寸，可同时安装的工具数量有限。

② 转换成TRIZ标准冲突：改善的参数为可操作性；恶化的参数为物质的量。

③ 查找冲突矩阵，得到如下发明原理：12，35。

得到方案为：依据发明原理12，可使用快换接头或快换工具，设置工具库，在同一位置快速切换工具。

（4）物理冲突解决方法1

①冲突描述：为了能够适应各种不同的操作对象，需要参数"执行工具数量"为"正"，但又为了提高效率，减少辅助工作时间，需要参数"执行工具数量"为"负"，即某个参数既要"多"又要"少"（图5.8）。

图5.8　执行工具数量

② 考虑到"执行工具数量"在不同的"时间段"具有不同的特性，因此该冲突可以从"时间"上进行分离。

③ 选用分离原理当中的"时间分离"原理，可得到解决方案。得到方案为：

a. 设计成组合工具。利用多面体，在不同面上设置不同工具，在不同时间使用不同工具而不用拆卸和装配，省去更换工具时间。

b. 同时设置多个工具接口，在一个执行工具工作的同时进行另一个执行工具的更换操作，省去额外的更换工具时间。

（5）物理冲突解决方法2

① 冲突描述：为了能够适应更多种类的物体，需要在法兰盘上同时安装的工具数为"正"，但又为了工作过程中有足够的空间保证不被干涉，需要在法兰盘上同时安装的工具数为"负"，即在法兰盘上同时安装的工具数既要"多"又要"少"。

② 考虑到"在法兰盘上同时安装的工具数"在不同的"空间"上具有不同的特性，因此该冲突可以从"空间"上进行分离。得到方案为：在多面体上设置成多个可折叠的工具，需要使用的工具展开，不需要使用的工具暂时折叠，以节省空间。

工具二：物质－场模型分析及76个标准解

（1）方法1

建立问题的物质－场模型，如图5.9所示。根据所建问题的物质－场模型，应用标准解解决流程，得到标准解为"把单一的模型变换成一串联的模型"。依据选定的标准解，得到问题的解决方案。即：在法兰盘与执行工具间加装快换工具盘，能够与法兰盘固定到一起，并能够与执行工具快速分开和连接。

改进之后的物质-场模型，如图5.10所示。

图5.9　物质-场模型　　　　　　　图5.10　改进之后的物质-场模型

（2）方法2

建立问题的物质-场模型，如图5.11所示。根据所建问题的物质-场模型，应用标准解解决流程，得到标准解为"对于一个可控性差的场，用一个易控场代替，或者增加一个易控场"。

依据选定的标准解，得到问题的解决方案为：将法兰盘与执行工具间的螺纹连接方式改为电磁连接，用磁场力代替机械力，省去拧螺栓的时间。改进之后的物质-场模型，如图5.12所示：

图5.11　物质-场模型　　　　　　　图5.12　改进之后的物质-场模型

5.2.4　工程问题的解

全部技术方案及评价见表5.2。

表5.2　方案及评价

序号	方案	所用创新原理	可用性评估
1	使用柔性可变形的执行器，以适应不同的形状	技术矛盾	一般
2	不更换工具，在同一位置同时装有不同工具，采用伸缩式快速切换	技术矛盾	一般
3	使用快换接头或快换工具，设置工具库，在同一位置快速切换工具	技术矛盾	可用
4	设计成组合工具，利用多面体，在不同面上设置不同工具，在不同时间使用不同工具而不用拆卸和装配，省去更换工具时间	物理矛盾	一般
5	同时设置多个工具接口，在一个执行工具工作的同时进行另一个执行工具的更换操作，省去额外的更换工具时间	物理矛盾	一般
6	在多面体上设置成多个可折叠的工具，需要使用的工具展开，不需要使用的工具暂时折叠，以节省空间	物理矛盾	一般

续表

序号	方案	所用创新原理	可用性评估
7	在法兰盘与执行工具间加装快换工具盘，能够与法兰盘固定到一起，并能够与执行工具快速分开和连接	物质-场模型分析及76个标准解法	一般
8	将法兰盘与执行工具间的螺纹连接方式改为电磁连接，用磁场力代替机械力，省去拧螺栓的时间	物质-场模型分析及76个标准解法	一般
9	在螺纹孔的端部加工一段锥形导向孔，减少安装螺纹时找位置的时间	物质-场模型分析及76个标准解法	一般

依据上面得到的若干创新解，通过评价，确定最终解为：使用快换接头或快换工具，设置工具库，在同一位置快速切换工具。

5.3 一种碳纤维板成型模具及成型方法

5.3.1 工程项目简介

碳纤维复合材料以其高强度、高模量、成型工艺灵活、轻量化效果十分明显等优点，在航空航天、风机叶片、体育器材、汽车零部件中得到了广泛的应用，特别是在车身结构件中，轻量化效果尤为明显；但是由于碳纤维复合材料的各向异性不同于金属材料的各向同性，使其在结构设计和成型加工方法上比金属材料复杂，因此还未得到广泛的应用，尤其是在民用方面，因此对碳纤维复合材料成型系统的研究显得尤为重要。

本项目提供了一种碳纤维板成型模具及成型方法，该成型模具可以有效地解决模压成型中受力和受热不均以及罐压成型中的压力不足的情况，提高了成型后碳纤维板材的成型率，增强了板材的性能。

5.3.2 工程问题分析

（1）发明问题初始形势分析

在模压成形（图5.13）过程中，采用刚性凹、凸模模压法加工方法难以保证碳纤维板件各处法向压力的均匀性，进而也难以保证凹、凸模给碳纤维板件传热的均匀性，因此模压法压制的碳纤维板件存在精度不高、各处力学性能不均匀的问题。

热压罐法制作碳纤维板件时（图5.14），难以对成形零件提供所需压力。在吸胶阶段，因为只有树脂压力达到一定值时，气泡不会产生或者已经产生的气泡可以溶解于树脂中而被消除。在最后保温保压阶段需要足够大压力使层片间充分压实，所以使用真空热压罐法容易压力不足，进而出现孔隙、分层问题。

模压成形法主要问题：传热不均，精度不高，各处力学性能不均匀受热。压罐法主要问题：因压力不足而出现孔隙和分层问题。

目前解决方案为：采用热的颗粒介质作为中介物来进行挤压碳纤维板材，使碳纤维板材在成型时受力不均的情况得到缓解。但是颗粒介质传热性不均匀，颗粒介质可能会造成碳纤维板材表面缺陷。

（2）系统分析

① 对系统整体进行功能分析，如图5.15所示。

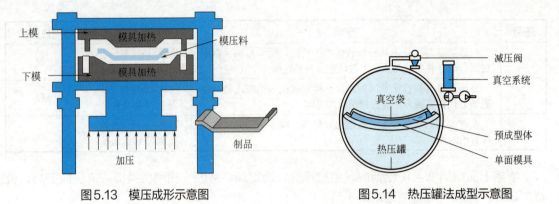

图5.13 模压成形示意图　　　　图5.14 热压罐法成型示意图

② 对其进行因果分析，如图5.16所示。

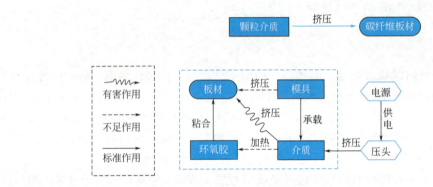

图5.15 功能分析

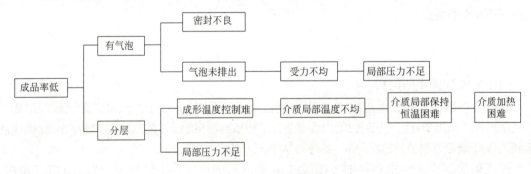

图5.16 因果分析

③ 关键问题分析如下：

问题：局部压力不足、介质温度控制困难。初步解决方案：采用颗粒介质作为中介物。

初步解决方案优点：局部压力不足得到缓解。缺点：介质温度控制困难。新增问题：成形板材表面不平整。

5.3.3　TRIZ工具求解

（1）方法1：技术冲突

① 冲突描述：为了更好地提高系统的成形率（可靠性），需要增加压力，但是这样做会

导致系统产生有害因素。

② 转换成TRIZ标准冲突：改善的参数为力；恶化的参数为物体产生的有害因素。

③ 查找冲突矩阵，得到对应的发明原理：13、3、36、24。

采用发明原理"24中介物"，使用柔性体或液体作为中介物，来挤压碳纤维板材。

（2）方法2：物理冲突

① 冲突描述：系统的压力需要大，因为可以提高成形率；系统的压力需要小，因为可以节省成本。

② 根据条件分离原理，在某一条件下，元件具有特性P；在另一条件下，该元件具有特性$-P$，可以参考的条件分离原理有28、29、31、32、35、36、38、39。

选择发明原理"28机械系统的替代"，将颗粒介质换成柔性橡胶体，或者使用液体挤压板材。

（3）方法3（图5.17）

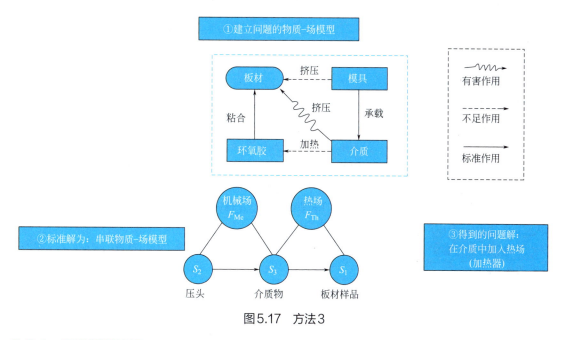

图5.17　方法3

5.3.4　工程问题的解

方案1：将颗粒介质换成柔性橡胶体，或者使用液体进行挤压板材。该方案可以更好地解决受力不均问题，同时避免成型后的板材表面不平整或损坏。

方案2：在介质中加入热场（加热器），使介质能够长时间保持在恒定温度。该方案可以解决介质传热不均和加热不方便的问题，可以使板材成型时处于恒定的温度，从而避免因温度带来的问题。

最终确定方案：将方案1和方案2进行综合，两种方案同时使用，即将颗粒介质换成液体，同时使用加热器对液体进行加热，可以使液体保持某一恒定温度，从而避免碳纤维板材在成型过程中受热不均现象，增加成型率。

5.4 降低尺寸变化及长时间遮挡情况下目标跟踪失败率

5.4.1 工程项目简介

针对尺寸变化、长时间遮挡情况下目标跟踪失败率高的问题,本项目根据TRIZ紧急行动原理得出用Kinect传感器检测遮挡并停止分类器更新的策略。根据串联物质-场模型,提出将初始目标作为参考模型,遮挡时根据当前分类器和参考模型更新分类器的方案。

目标跟踪技术是视频监控、机器人系统、人机交互等领域的关键技术。经过几十年来学者们的不懈努力,简单环境中运动目标跟踪技术取得了长足的进步。然而,在复杂环境下,光照、位姿变化、遮挡、摄像机运动等问题严重影响了跟踪性能。尤其是存在遮挡情况下的目标跟踪技术一直是难点问题,也是运动目标跟踪在实际场景中应用的主要障碍。近年来,多示例学习算法、支持向量机、相关滤波等算法成功应用于目标跟踪领域,并取得了一定的研究成果。然而这些算法主要解决了跟踪的实时性问题,对跟踪的遮挡问题解决效果不佳。因此,降低尺寸变化、长时间遮挡情况下的目标跟踪失败率具有重要的研究意义。

5.4.2 工程问题分析

(1)问题描述

① 当前技术系统。基于多示例的目标跟踪算法是在Adaboost框架下实现目标跟踪,其将样本看作示例,并构造正包和负包训练分类器。在正包中至少包含一个正示例,在负包中一定不包含正示例。该算法跟踪准确率较高,然而其受遮挡(半遮挡、全遮挡)、光照改变、位姿变化、运动突变、尺寸改变等问题,尤其是尺寸变化、长时间遮挡等问题影响较严重。

② 定义技术系统实现的功能。问题所在技术系统为目标跟踪系统,该技术系统的功能为跟踪目标,实现该功能的约束有:目标尺寸改变,目标被其他障碍物长时间遮挡且满足视频处理速度为大于50FPS。本研究主要解决尺寸变化、长时间遮挡问题。

③ 新系统的要求。在复杂环境下,目标尺寸变化时,发生长时间遮挡(>2s)后跟踪目标失败率小于10%。

(2)发明问题初始形势分析

① 系统工作原理。在I_t帧中,在当前位置p_t附近采样,训练一个分类器,这个分类器能计算一个小窗口采样的响应。在I_{t+1}帧中,在前一帧位置p_t附近采样,用前述分类器判断每个采样的响应,响应最强的采样作为本帧位置p_{t+1}。

② 存在的主要问题。复杂环境下目标跟踪失败率较高,其主要受以下因素影响:遮挡(半遮挡、全遮挡)、光照改变、位姿变化、运动突变、尺寸改变等。本项目主要解决尺寸变化、长时间遮挡问题。

③ 限制条件。跟踪过程中目标尺寸发生改变,被其他行人或物体遮挡,包括半遮挡和全遮挡;跟踪过程中存在目标景深变化;半遮挡时间大于2s,全遮挡时间小于80ms。

④ 问题或类似问题的现有解决方案及其缺点。现有解决方案为:采用分类器更新策略处理遮挡问题,具体实施手段如下。

$$\mu_k^l \leftarrow \lambda\mu_k^l + (1-\lambda)\mu^l$$

$$\sigma_k^l \leftarrow \sqrt{\lambda(\sigma_k^l)^2 + (1-\lambda)(\sigma^l)^2 + \lambda(1-\lambda)(\mu_k^l - \mu^l)^2}$$

式中，λ_k^1、σ_k^1 为目标模板的均值和偏差；μ^1、σ^1 表示当前跟踪结果的均值和偏差；λ 决定分类器对当前跟踪结果和目标的依赖程度，在实际应用中，该参数需要预先给定。λ 值过小时分类器更多依赖跟踪结果进行更新，易造成分类器"过学习"；λ 值太大时分类器更多依赖目标模板进行更新，则无法适应目标外观的改变。若采用固定尺寸表示目标，当目标景深发生变化时，会出现目标关键特征丢失或引入背景特征干扰。

（3）系统分析

① 功能分析。基于多示例学习算法的目标跟踪系统（图5.18），跟踪目标步骤为摄像头采集目标图像，并围绕目标图像采集示例图像构成正包和负包，分别提取正包、负包中示例图像的 Haar 特征，构成训练样本，在 Adaboost 框架下训练强分类器用于目标跟踪。在新一帧图像中，提取候选样本，用训练得到的强分类器在候选样本集中选择分类器分数最高的样本为目标，完成跟踪。

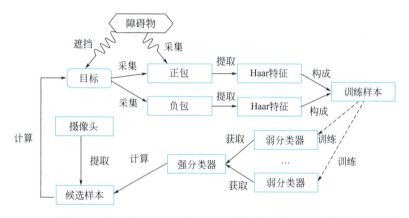

图5.18　基于多示例学习算法的目标跟踪系统的功能模型

② 因果分析。应用因果链分析法确定产生问题的原因，先用鱼骨图（图5.19）从人、机、料、法、环几个方面对造成跟踪失败的原因进行分析，然后利用因果链分析法确定根本原因（图5.20）。

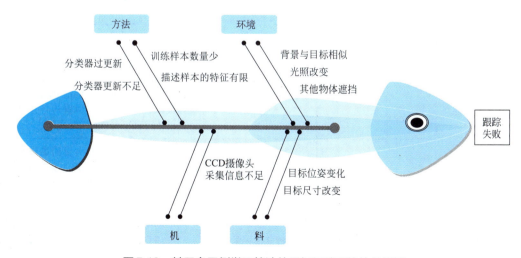

图5.19　基于多示例学习算法的目标跟踪系统的鱼骨图

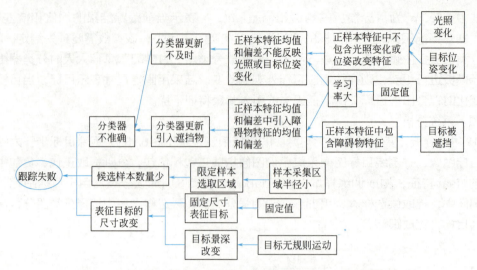

图5.20 基于多示例学习算法的目标跟踪系统的根本原因分析

③ 理想解分析。

设计的最终目的是：跟踪失败率为0，且满足实时性要求；

该问题的理想解是：系统能自动识别并快速跟踪目标；

达到理想解的障碍是：系统需要一种算法识别并快速跟踪目标；

出现这种障碍的结果是：当有障碍物遮挡目标时，系统跟丢目标；

不出现这种障碍的条件是：系统不用算法，依靠先进的仪器快速跟踪目标；

创造这些条件存在的可用资源有：RFID、蓝牙、深度相机；

依据理想解分析可得到方案：在目标上安装蓝牙收发装置。

④ 可用资源分析（表5.3）。

表5.3 可用资源分析

项目类别	资源名称	可用性分析（初步方案）
系统内部资源	学习率（信息资源）	根据每帧的跟踪结果实时调整分类器更新的学习率。当检测到外观异常改变时学习率较低，否则正常更新分类器
	角点特征（信息资源）	提取目标的角点特征并训练分类器跟踪目标，对角点位置进行统计，可以实现目标大小的实时更新
	核函数（场资源）	跟踪过程中涉及大量的高维矩阵运算（图像），影响系统的实时性。引入核函数可以避免维数灾难，保证跟踪精度的同时，降低计算复杂性
系统外部资源	各种立体视觉传感器	利用立体视觉传感器获得场景的三维信息，有利于通过景深区分目标和背景

5.4.3 TRIZ工具求解

（1）使用冲突解决理论

① 固定候选样本区域半径。为了提高系统的"可靠性"，需要增加样本数量，但这样做会导致系统处理时间变长。对于此问题，改善的参数为"27可靠性"；恶化的参数为"25时间损失"。查找冲突矩阵，得到如下发明原理："4不对称""10预操作""30柔性壳体或薄膜"。

依据"4不对称"，将物体的对称形式变成不对称形式，得到如下方案：按照目标运动趋势将均匀的样本采集区域变为不均匀的样本采集区域，如图5.21所示，沿目标运动趋势方向采样区域增大，即将候选样本的采集中心从上一帧目标中心位置沿目标运动趋势方向移动。对于上一帧目标来讲，候选样本采集区域为不均匀结构。

依据"10预操作"，得解决方案为：采用Kinect摄像头获得目标和场景的三维信息，预先得到目标的深度信息，跟踪过程中根据目标的深度信息调整候选样本的圆半径（图5.22）。目标距离摄像头远时，其深度值较大，此时候选圆半径取较小值，采集样本数适当减少；目标距离摄像头近时，其深度值较小，此时候选圆半径取较大值，采集样本数适当增多。

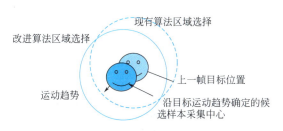

图5.21 根据目标运动趋势采样

图5.22 根据Kinect摄像头获得的景深信息调整候选样本采集范围

② 固定学习率。

a.若用技术冲突解决问题时，为了降低遮挡时分类过更新，需要降低学习率，但这样做会导致系统在其他情况下分类器更新不足。对于此问题，改善的参数为"31物体产生的有害因素"；恶化的参数为"24信息损失"。查找冲突矩阵，可得到发明原理"10预操作""21紧急行动""29气动与液压结构"。

依据"21紧急行动"原理，得到方案为：利用Kinect提供目标和场景的深度变化。目标景深有固定的变化趋势，发生遮挡时，其前方遮挡物体的景深明显较小，此时学习率取0，停止对分类器更新，其余时刻正常更新分类器。

b.若用物理冲突解决问题时，为了适应遮挡，需要参数"学习率"为"小"，但又为了适应位姿改变，需要参数"学习率"为"大"，即某个参数既要"大"又要"小"。

选用分离原理当中的"基于条件的分离"原理，得解决方案为：根据跟踪结果的检测分数判断跟踪状态，当检测到遮挡发生时，将学习率设置为0.05；当目标发生位姿变化时，将学习率设置为0.8；当光照变化造成目标外观改变时，将学习率设置为0.8。

（2）使用物质-场模型分析及76种标准解法

建立问题的物质-场模型（图5.23），根据所建问题的物质-场模型，可知分类器对训练样本的不足作用。应用标准解解决流程，得到解决方案为：引入初始目标，构成串联物质-场模型。设定分类器分数阈值（根据实验确定），同时将初始目标的分类器分数作为参考模型。跟踪过程中，如果跟踪结果小于阈值认为跟踪失败，则根据当前分类器和参考模型更新分类器，改进之后的物质-场模型如图5.24所示。

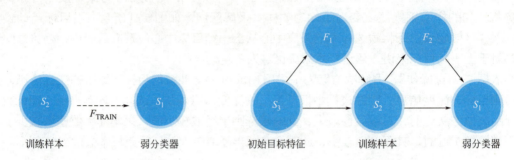

图5.23 物质-场模型　　　　　　　图5.24 串联物质-场模型

5.4.4 工程问题的解

采用理想化水平对各方案进行评估，理想化水平公式为：

$$理想化水平 = \frac{\sum 跟踪成功率}{\sum 硬件耗材 + \sum 计算耗时}$$

技术方案分析见表5.4。

表5.4 技术方案汇总

方案	所用创新原理	可用性评估
在目标上安装蓝牙收发装置	理想解分析	0.3
根据跟踪结果的检测分数判断跟踪状态，当检测到遮挡发生时，将学习率设置为0.05；当目标发生位姿变化时，将学习率设置为0.8；当光照变化造成目标外观改变时，将学习率设置为0.8	资源分析——学习率；物理冲突——基于条件的分离	0.68
利用现有的角点提取及匹配算法，提取目标特征，根据角点信息剔除无效信息，保留有效信息，并根据有效角点信息确定目标尺寸，从而实现实时调整目标尺寸，使表征目标尺寸的矩形随其实际尺寸变化	资源分析——角点特征	0.56
跟踪过程中涉及大量的高维矩阵运算（图像），影响系统的实时性。引入核函数可以避免维数灾难，保证跟踪精度的同时降低计算复杂性	资源分析——核函数	0.9
采用Kinect摄像头获得目标和场景的三维信息，预先得到目标的深度信息，跟踪过程根据目标的深度信息调整候选样本的圆半径。目标距离摄像头远时，其深度值较大，此时圆半径取较小值（如4），采集样本数适当减少；目标距离摄像头近时，其深度值较小，此时圆半径取较大值（如7），采集样本数适当增多	技术冲突——发明原理"10预操作"	0.86

续表

方案	所用创新原理	可用性评估
按照目标运动趋势将均匀的样本采集区域变为不均匀的样本采集区域。沿目标运动趋势方向采样区域增大,即将候选样本的采集中心从上一帧目标中心位置沿目标运动趋势方向移动。对于上一帧目标来讲,候选样本采集区域为不均匀结构	技术冲突——发明原理"4不对称"	0.79
利用Kinect提供目标和场景的深度变化。目标景深有固定的变化趋势,发生遮挡时,其前方遮挡物体的景深明显较小,此时学习率取0,停止对分类器更新,其余时刻正常更新分类器	技术冲突——发明原理"21紧急行动"	0.82
引入初始目标,构成串联物质-场模型。设定分类器分数阈值(根据实验确定),同时将初始目标的分类器分数作为参考模型。跟踪过程中,如果跟踪结果小于阈值认为跟踪失败,则根据当前分类器和参考模型更新分类器	物质-场模型——串联物质-场模型	0.78

最终确定方案为:将普通彩色摄像头替换为三维摄像头(如Kinect),利用其提供的三维信息检测目标和背景场景深度变化,同时根据目标的三维场景深度调整候选样本的圆半径。目标距离摄像头远的时候,圆半径取较小值;目标距离摄像头近的时候,圆半径取较大值。目标景深变化连续,障碍物景深变化断续,从而区分目标与障碍物,遮挡时停止更新分类器,同时利用目标景深与背景景深的不同确定目标尺寸大小。

5.5 单芯电缆终端接头自动剥切工艺及装置设计

5.5.1 工程项目简介

全冷缩单芯电缆终端接头目前多为人工制作,加工效率低且质量较难把控。本项目根据TRIZ理论和工具,结合预期失效分析、裁剪与资源分析,从电缆剥切自动化工艺开发和装置设计角度出发,优化加工步骤,降低装置复杂性,提升了加工精度,减少了绝缘层表面划痕。总体上提高了加工质量和效率,经综合评估形成解决方案。

近年来,伴随着"一带一路"倡议的提出和实施,以中国高铁为代表的"国之重器"不断走出去,带动铁路基建及上下游产业的大力发展。我国作为基建大国,基建工程已经冠绝全球,高铁更是各类大型基建工程之最。

高速铁路中,单芯电缆(简称电缆)一般连接着牵引变电所与牵引网,承担着传输电的任务。电缆出现故障将会导致整个供电臂失去电能,因此电缆在整个牵引供电系统中至关重要。此外,在电力工业、机电工程、石油化工等众多领域,电缆均扮演重要角色,如图5.25所示。可以说,电缆在我国的基础建设当中起到了很重要的作用。

电缆的生产工序主要包括导体拉制、绞制和护层包覆,形成由外护套、钢丝铠装、内衬层、绝缘层和铜导体构成的多层结构,如图5.26所示,这导致电缆施工,尤其是电缆终端(或中间)接头制作复杂性高、难度大。目前电缆终端接头多通过人工剥切电缆各层,工具包括剪刀钳、手工锯、壁纸刀或特殊剥线钳。由于施工环境复杂、工序多、时间紧、工具不合适等问题,会出现钢丝铠装末端不齐、划伤线芯和绝缘材料等状况,对电缆运行带来了一定的安全隐患。尤其在剥除外半导屏蔽层时下刀太深,会导致主绝缘损伤,即使是很小的损伤，也会导致电场强度分布局部畸变，在运行中会加速绝缘老化，逐渐形成电树枝，最终将绝缘击穿。此外，绝缘层和钢丝铠装的切割、剥离过程费力费时，主要靠人工完成，当工具刀的切割力度和方向控制不稳时，还容易伤及人身。

图5.25　高铁及电缆工程

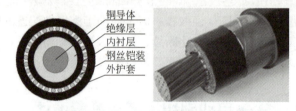

图5.26　单芯电缆结构

基于以上分析，可使用TRIZ理论对单芯电缆终端剥切自动化设备进行研发和设计。

5.5.2　工程问题分析

（1）问题描述

目前电缆终端接头多为人工制作，剥切过程工序多、现有工具适用性差、剥离困难、劳动强度大并且耗时多、操作人员技术与经验存在差异、工艺质量不好把控、操作不当也容易伤及人身。此外，电缆制造存在的各层材料厚度不均、同轴度偏差以及较大的柔性，也会导致电缆终端接头加工效率较低。

（2）发明问题初始形势分析

① 定义技术系统实现的功能。问题所在技术系统为单芯电缆终端剥切系统，该技术系统的功能为剥切电缆。

② 现有技术系统的工作原理。全冷缩单芯电缆终端接头在加工时，将电缆一侧夹持固定，操作人员使用剥切工具（如壁纸刀、锯、剥线钳等）依次对电缆各层环切、纵切后完成剥离，并通过卷尺控制各层的预留长度，最终完成电缆终端接头制作，如图5.27所示。

③ 当前技术系统存在的问题。电缆剥切工序多，外层剥离困难，人工体力消耗大，导致加工效率不高，接头加工质量不统一，如图5.28所示。

④ 问题出现的条件和时间。当操作人员技术水平和经验存在差异时，导致电缆终端剥切质量不统一，甚至出现主绝缘损伤；分层剥切工艺，每个步骤引起的误差引起累计误差，

质量不合格会导致返工。

⑤ 问题或类似问题的现有解决方案及其缺点。针对电缆剥切困难的问题，目前已有较多剥切工具和相应专利。但这些多针对电缆橡胶层的环切，后续还需进一步完成轴向剥离，且对电缆钢丝铠装层切割无法满足；另外还有定长要求，需操作人员通过量尺把控，效率提升受限。此外，电缆制造的各层不均匀性、电缆外层切割时由于本身柔性导致与工具同轴度偏差，都容易引起工具在切割时径向切深不均，甚至产生主绝缘划痕。

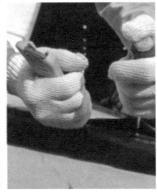

图5.27 电缆剥切示意

图5.28 加工过程及质量缺陷

有将轴向和周向剥切结合在一起的方法，即先在该装置一端完成周向环切，再取出放入另一位置压紧后完成轴向剥离。但电缆本身较长，反复安装取出费时，且环切时转动电缆自身较为费力。

为解决上述电缆剥切效率低下问题，本项目设计了自动化电缆剥切系统，通过传动系统和装置替代人工操作，设置有环向切割组件和轴向切割组件。初步设计的原理模型如图5.29和图5.30所示。

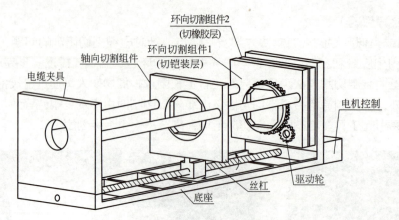

图5.29 自动剥切装置示意图

该系统设置三个切割组件，电缆由夹具固定。两个环向切割组件产生旋转运动，分别用于电缆不同层材料的环切。轴向切割组件通过丝杠驱动沿轴向运动，用于材料的纵向切割，以便剥离。

在电缆剥切过程中，影响加工质量和效率的因素很多，为提高系统可靠性和样机试制的成功率，首先进行预期失效分析，评估系统潜在问题和原因。失效模式及原因分析结果如表5.5所示。

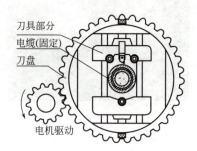

图5.30 切割组件的刀盘结构图

表5.5 确定电缆剥切失效模式分析表

反转理想状态	达到反转理想状态的假想方法	应用可用资源验证每种假想方法是否能实现	得到潜在失效模式	失效原因
A：接头各层定长不满足要求	A1：使切割组件切割基准存在偏差	三个切割组件如果作用不协调，A1方法可能实现	切割误差导致接头各层长度不合格	切割组件数量多，步骤多，误差累积
B：绝缘层出现划痕	B1：增加刀头伸长量	刀具进给量过大，B1可能实现	刀具切割力大，引起表面划伤	刀具伸长量控制不足
	B2：增加电缆晃动	电缆柔性大，每层厚度不均，B2可能实现	同轴度偏差导致局部划痕	夹具夹紧和拉伸力不足，安装对中性差
C：外层切割不掉	C1：使用不相适应的刀具	橡胶层切割刀具加工钢铠层或相反，C1可能实现	电缆外层剥切不掉	刀具适配性不足

通过分析，该系统通过自动装置代替人工，可大大减少人工耗时，但仍存在加工质量不高的问题，需要进一步改进优化。

⑥ 新系统要求。对新系统的技术要求为：提升加工效率和质量，电缆剥切人工耗时减少80%。新系统改进时的约束或限制条件为：接头自动化加工质量满足规范要求。

（3）系统分析

① 功能分析（表5.6）。建立系统的功能模型，如图5.31所示。

表5.6 功能分析

制品	单芯电缆终端接头
系统组件	环向切割组件、轴向切割组件、丝杠、电机、驱动齿轮、夹具、底座
超系统组件	电源、工作台

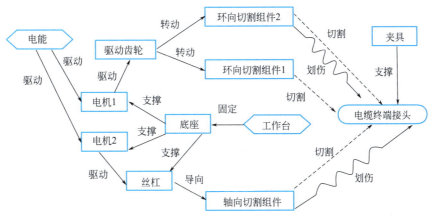

图5.31 剥切工艺功能模型图

② 因果分析。

首先从人、机、料、法、质、测等方面采用鱼骨图（图5.32）对电缆剥切质量不高的问题进行分析。然后，采用应用因果链分析法确定产生问题的原因，如图5.33所示。

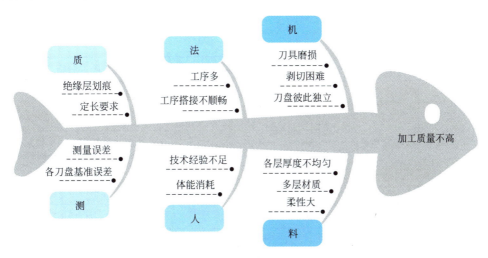

图5.32 鱼骨图

③ 冲突区域确定（问题关键点确定）。

问题关键点1：各刀盘相互独立导致工艺复杂、精度下降；

问题关键点2：刀头伸长量控制不足。

④ 理想解分析。

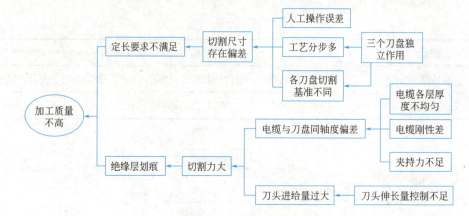

图5.33 因果链分析法

a.设计的最终目的是什么？制作单芯电缆终端接头。

b.理想解是什么？单芯电缆终端接头自动剥切。

c.达到理想解的障碍是什么？ 电缆剥切工序多，绝缘层表面质量要求严格，电缆柔性大，"剥""切"困难。

d.出现这种障碍的结果是什么？加工质量降低，加工费时。

e.不出现这种障碍的条件是什么？创造这些条件存在的可用资源是什么？"剥""切"动作协调高效，各工序搭接顺畅，绝缘层剥切力度可控；可用资源有电机、丝杠、驱动齿轮、刀盘、夹具。

依据理想解分析得到方案为：减少刀盘数量以简化工艺步骤，设计刀盘结构，满足切割力调控要求。

⑤ 可用资源分析，如表5.7所示。

表5.7 资源分析表

项目	类别	资源名称	可用性分析
内部资源	物质资源	驱动齿轮	环向运动，提供转矩
		电机	驱动丝杠和齿轮旋转，调节转速
		刀盘	刀盘内部结构改进，增加切割效率
		丝杠	轴向导向，传递动力
		夹具	不可用
	场资源	刀具与电缆外层摩擦力	增大摩擦力，增加切割力
		刀盘对电缆压力	不可用
		离心力	不可用
外部资源	物质资源	空气	不可用
	场资源	振动	不可用
超系统资源	物质资源	工作台	不可用
	场资源	电场	不可用

5.5.3 TRIZ工具求解

（1）思路1

以"各刀盘相互独立导致工艺复杂、精度下降"为入手点解决问题。根据先"环切"再"剥离"的工艺步骤，三个刀盘分别执行环向和轴向剥切动作，使电缆剥切过程复杂，且各刀盘有各自基准，导致定长要求的精度降低。分别利用功能裁剪、冲突解决理论、效应及资源分析，对系统和装置进行优化。

① 功能裁剪1。考虑到多刀盘增加了剥切系统复杂性，且两个环向切割组件均为旋转运动，故首先裁剪其中一个环向切割组件，优化系统构成。

通过分析发现，采用"主动元件的作用由其他元件或超系统替代"可以实现裁剪，即通过结构设计，将两个环向切割组件合并为一个。功能裁剪示意图如图5.34所示。

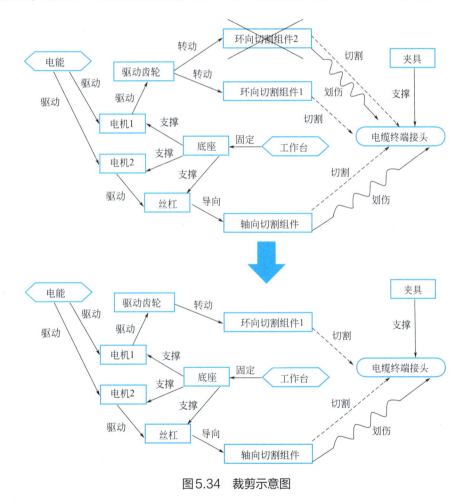

图5.34 裁剪示意图

② 冲突解决理论1。由上述裁剪后，保留一个环向切割组件，并能实现钢丝铠装层和绝缘层的切割。由此引入新问题，即如何使剥切刀具具有适配性。下面通过技术冲突进行分析。

a.冲突描述：为使电缆剥切系统实现"绝缘层切割"，需要刀片锋利、薄，但这样做会导致刀片刚性和强度降低，不利于钢丝铠装层切割，构成一对技术冲突。

b.转换成TRIZ标准冲突。改善参数为"12形状"，恶化参数为"13稳定性"。找冲突矩阵，得到对应的发明原理为1、14、18、33。可得如下方案：

方案一：依据分割原理的"增加物体相互独立部分的程度"，得到方案为"设置双刀切换，不同材质选用不同刀具"。

方案二：依据曲面化原理中的"将直线或平面部分用曲线或曲面代替，立方体用球体代替"，得到方案为"将刀片设置为弧形或圆形刀片"。

基于方案一和方案二的组合，对刀盘装置进行设计，如图5.35所示。

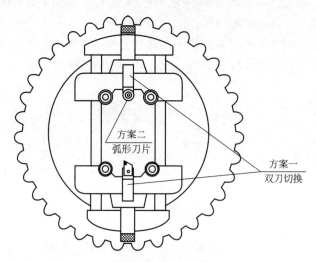

图5.35　刀盘设计方案

③ 效应（网络效应库）。由于刀具缺乏适配性，考虑其他方式实现电缆外层的剥离，可通过效应工具分析。

确定问题要实现的功能为"分离+分割实体"。查找效应知识库，得到可用的效应为"Phase Change"和"Thermal Contraction"，依据该效应得到问题的解决方案。

"Phase Change"效应（"相变"效应）：指热力学系统从一种相转变为另一种相。常用来描述物质在固体、液体和气体状态之间的转变，少数情况下包括等离子体转变。

"Thermal Contraction"效应（"热收缩"效应）：指物质随着温度的变化或当物质被冷却时体积减小或收缩。

方案三：依据"Phase Change"和"Thermal Contraction"效应，得到方案为：仅保留钢丝铠装层切割刀具，切割前用液氮将绝缘层快速冷却硬化变脆，便于切削，如图5.36所示。

④ 功能裁剪2。随着分析深入，如果能将环向与轴向切割组件进一步合并、裁剪，可最大限度地简化系统结构，减小工艺复杂性并提高加工精度。

通过分析发现，采用"主动元件的作用由其他元件或超系统替代"可以实现裁剪，即通过结构设计，将环向和轴向切割组件合并。裁剪后的功能模型如图5.37所示。

⑤ 冲突解决理论2。再次裁剪后仅剩一个切割组件，要求实现刀具的环向切割和轴向切割。由此引入新问题，即如何实现环向和轴向切割动作的协调。可通过技术冲突进行分析。

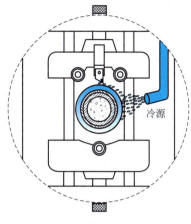

图5.36 冷却切割示意图

a. 冲突描述：为实现电缆剥切系统的"外层材料切割"，需要刀具沿外层圆周环切，但这样做会导致系统无法实现轴向切割和剥离。既要求刀具周向运动，又要实现轴向运动，构成了一对技术冲突。

b. 转换成TRIZ标准冲突。改善参数为"3运动物体的长度"，恶化参数为"5运动物体的面积"。找冲突矩阵，得到对应的发明原理为"4、15、17"。可得方案如下：

方案四：依据动态化原理中的"如果一个物体是刚性的，使之变为可活动的或可改变的"，具体方案为"将刀盘中的刀具设置为可活动式，能够90°旋转，再通过轴向运动实现纵向切割剥离"。

方案五：依据维数变化原理中的"将一维空间中运动或静止的物体变成在二维空间中运动或静止的物体，在二维空间中的物体变成三维空间中的物体"，具体方案为"通过螺旋剥切，使刀具沿周向运动的同时沿轴向运动，实现剥切"。

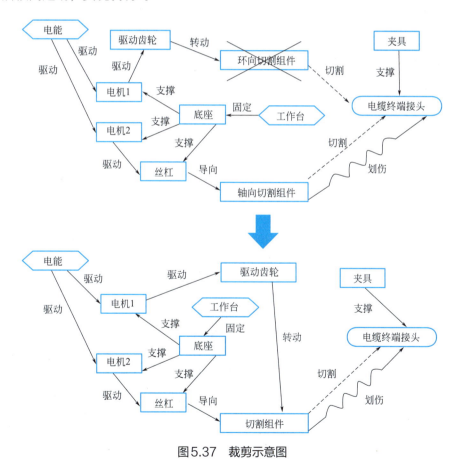

图5.37 裁剪示意图

综合方案四和方案五，关键技术点在于刀具可实现周向和轴向运动，由于方案五不需调整刀具角度，因此优先选择。设备内部工艺原理如图5.38所示。

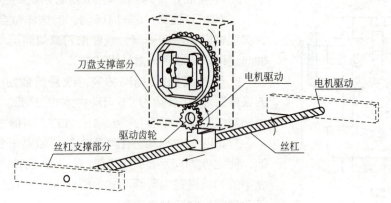

图5.38　方案五原理示意图

⑥资源分析。通过两次裁剪并优化了装置结构后，仍需两个电机分别驱动丝杠和齿轮。由此提出了进一步优化方向，即通过资源分析减少电机数量至一个。

表5.8　内部资源分析

类别	资源名称	可用性分析
物质资源	驱动齿轮	环向运动，提供转矩
	电机	驱动丝杠和齿轮旋转，调节转速
	刀盘	刀盘内部结构改进，增加切割效率
	丝杠	轴向导向，传递动力
	夹具	不可用

从内部物质资源来看（表5.8），驱动齿轮和丝杠均由各自电机提供动力，如果能将两部件建立传动连接，那么仅用其中一个电机输出动力即可。由此得到方案六，系统内部原理图如图5.39所示。即在原结构基础上增加光杠，光杠与丝杠间通过齿轮传递动力，刀盘的驱动齿轮和光杠通过键连接，光杠设有通长键槽用于对驱动齿轮导向。

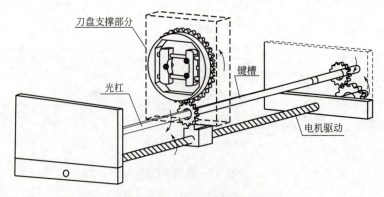

图5.39　方案六原理示意图

（2）思路2

以"刀头伸长量控制不足，容易划伤绝缘层"为入手点解决问题。解决思路为：刀盘在旋转时，刀具需要保持一定进给量以完成切割，但容易导致绝缘层的划伤。分别利用物质-场模型分析、冲突解决理论及小人法，对刀盘结构进行改进。

①物质-场模型分析及76个标准解。

a.建立问题的物质-场模型，图5.40所示。

b.根据所建问题的物质-场模型，应用标准解解决流程，得到标准解为：在一个系统中，有用及有害效应同时存在，且必须处于接触状态。可增加F_2抵消F_1的有害效应，或获得一个有用的附加效应。

依据选定的标准解，得到方案七：在刀盘上安装激振器引入振动场，实现振动切削，减小切削力并提高加工质量。改进之后的物质-场模型如图5.41所示。

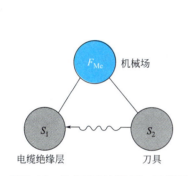
图5.40 绝缘层切割物质-场模型

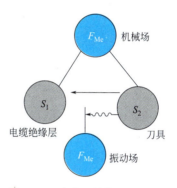
图5.41 改进后的物质-场模型

②冲突解决理论。

a.分离原理与40个发明原理综合利用。具体过程如下：

（a）冲突描述：为了"完成材料的切割"，需要参数"刀头伸长量"保持"固定"，但又为了"保证电缆与刀盘的同轴度，均匀切割"，需要参数"刀头伸长量"可根据电缆柔性和材料不均匀性"可调整"。即，刀头伸长量既要"固定"又要"可调整"，构成了典型的物理冲突。

（b）选用分离原理当中的"条件分离原理"原理。

（c）查找与该分离原理对应的发明原理，得到方案八：依据条件分离原理，选取对应的反馈原理中的"引入反馈以改善过程或动作"，具体方案为"在刀具上引入弹簧，当同轴度偏差较大时，以弹力大小作为反馈，调整刀具伸长量"。

为细化加弹簧后的刀具结构，采用"小人法"对刀盘结构进行分析设计，分析图如图5.42所示。具体过程如下：

（a）当出现同轴度偏差较大时，存在材料切割不均匀现象，将不均匀部分用小人来代替。

（b）根据切割部位分析，灰色区域为切割后的形状。被切割掉的材料用小黑人表示，未被切掉的材料用白色小人表示。

（c）分析如何让小黑人、小白人在切割时保持相同数量，即均匀切割避免局部过大的切割厚度。通过研究，可将压紧轮设置为根据电缆接触面的微小晃动自动调整。

（d）得到技术方案，在压紧轮支撑部设置弹簧，实现浮动切削。

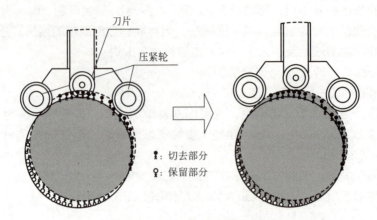

图5.42 "小人法"分析示意图

b.通用工程参数法（48×48矛盾矩阵表）。具体过程如下：

（a）冲突描述：为了"切割材料"，需要刀头"压力"足够"大"；但又为了"保证绝缘层上无划痕"，需要"压力"适当"小"，即压力既要"大"又要"小"，因此构成物理矛盾。

（b）查询通用工程参数法与创新原理对应表，找出通用工程参数"应力或压强"，选取对应发明原理。由此得方案九：依据发明原理中的"预操作"原理，在操作开始前，使物体局部或全部产生所需的变化，具体方案为"对绝缘层外层采用部分（预）切割，后期再通过较小的外力实现材料剥离，避免绝缘层产生划痕"。

结合方案八和方案九，优化刀盘结构，如图5.43所示。

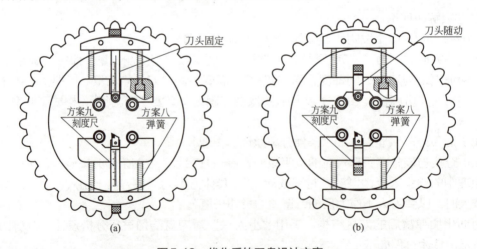

图5.43 优化后的刀盘设计方案

5.5.4 工程问题的解

评价指标体系有：加工质量（A）、加工效率（B）、工艺复杂程度（C）、能耗（D）。另外规定，a为改进后的加工质量/原加工质量；b为改进后的加工效率/原加工效率；c为原工艺复杂程度/改进后工艺复杂程度；d为原能耗/改进后能耗。则各方案可用性$h=aA+bB+cC+dD$，如表5.9所示。

表5.9 可用性计算表

指标体系	加工质量A	加工效率B	工艺复杂程度C	能耗D
权重	0.4	0.3	0.2	0.1
系数	a	b	c	d
可用性h	$0.4a+0.3b+0.2c+0.1d$			

根据TRIZ理论对以上方案进行可用性评价，如表5.10所示。

表5.10 方案评价表

序号	方案要点	所用创新原理	可用性评估
1	采用双刀切换	裁剪+技术冲突	1.48
2	采用弧形或圆形刀片	裁剪+技术冲突	1.51
3	橡胶层冷却剥切	效应	1.13
4	刀具采用可活动式（90°旋转）	裁剪+技术冲突	1.49
5	采用螺旋切割	裁剪+技术冲突	1.52
6	使用单电机，光杠与丝杠建立传动	裁剪+资源分析	1.53
7	振动切削	物质-场模型及76个标准解	1.22
8	采用浮动切削	物理冲突+"小人法"	1.47
9	预切割	物理冲突+通用工程参数法	1.36

最终确定方案为：设计自动化装置，通过齿轮和丝杠控制刀盘的周向和轴向运动，实现单芯电缆的螺旋剥切，并结合预切割控制表面加工质量。刀盘部分设计为双刀可切换、可浮动式，并安装弧形刀片。总体结构方案如图5.44、图5.45所示。

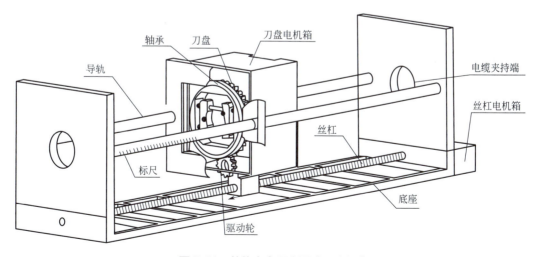

图5.44 总体方案示意图（双电机）

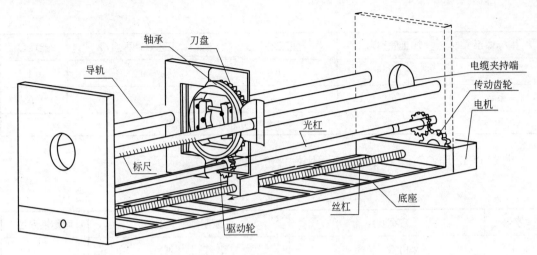

图5.45 总体方案示意图（单电机）

第六章

TRIZ在化学工程中的应用

6.1 TRIZ在杨梅素的荧光分析中的应用

6.1.1 工程项目简介

杨梅素是植物杨梅树叶、皮、根的提取物。杨梅素可通过增加白细胞对低密度脂蛋白胆固醇的清除作用，调节其在血液中的浓度，具抗血栓、抗心肌缺血、改善微循环等多方面的心血管药理作用，有望将其开发为活血化瘀类药物。杨梅中黄酮含量复杂，需找到杨梅素的特异检测方法，进行定量分析。

杨梅素属于黄酮类化合物，本身药理作用丰富，应用价值极高。杨梅素溶液在弱碱性条件下无荧光或荧光较弱。本项目通过TRIZ理论，得到β-CD法和锆离子法，将杨梅素敏化荧光型体的荧光量子产率提高至0.05以上，使其具有定量分析的意义。通过建立功能模型，分析找到杨梅素荧光弱的根本原因后进行相应的资源分析，采用理想解、冲突解决理论及裁剪等工具，解决了甲醇与碱反应导致pH增大和荧光型体荧光弱的问题，设计了一种杨梅素的荧光分析方法。

6.1.2 工程问题分析

（1）问题描述

杨梅素在弱碱性条件下产生的荧光型体荧光不强并且不稳定，导致用外标法测定时灵敏度低。

（2）发明问题初始形势分析

① 现有系统工作原理：杨梅中含有杨梅素，杨梅素具有酚羟基，在弱碱性条件下，生成荧光型体。采用外标法，用荧光色谱定量分析杨梅中杨梅素的含量，见图6.1。

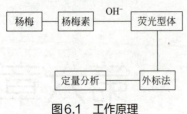

图6.1 工作原理

在杨梅素溶液中,加入一定的三酸溶液和氢氧化钠,使杨梅素电离发荧光,利用荧光性质进行定量分析,如图6.2所示。

② 存在的问题:杨梅素在弱碱性条件下产生的荧光型体荧光不强并且不稳定,导致用外标法测定时灵敏度低。

③ 问题出现的条件和时间:荧光强度与溶液的pH、溶液配制后放置的时间、光照时间有关。

④ 类似问题解决方案:调节溶液的pH;调节放置的时间;加入配位金属离子,使荧光强度大大提高,出现新的荧光型体。

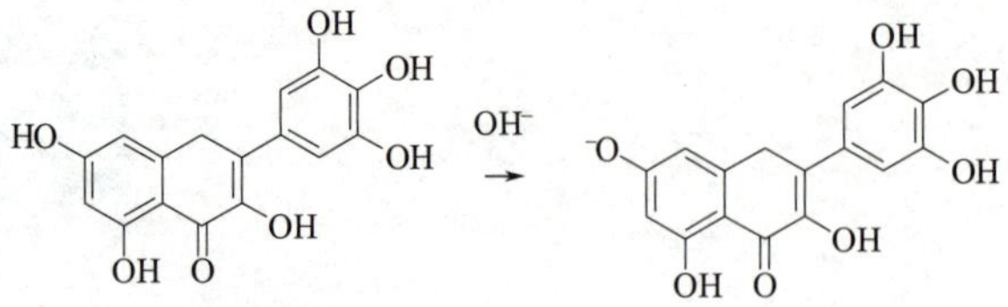

图6.2 无荧光型体转变为荧光型体

(3)系统分析

① 功能分析(表6.1)。

表6.1 功能分析

制品	杨梅素
系统元件	荧光仪、移液管、容量瓶、三酸溶液、CH_3OH、H_2O、氢氧化钠溶液
超系统元件	供电设备、温控设备、光照

建立功能模型,如图6.3所示。

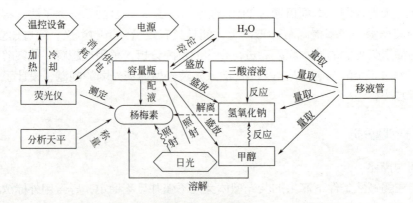

图6.3 功能模型

② 因果分析(图6.4)。

采用因果分析可得以下方案:

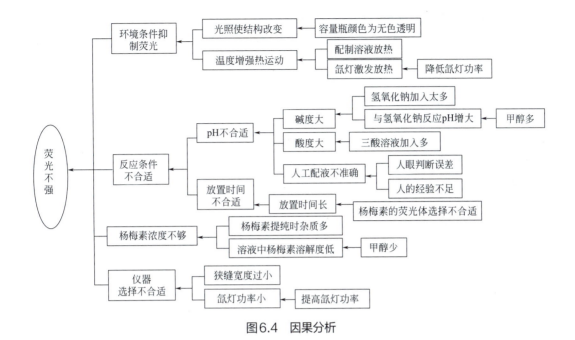

图6.4 因果分析

方案一：将容量瓶由无色改为棕色，以减小日光照射对溶液的影响，如图6.5所示。

方案二：配制溶液时，将溶液放置于冷水浴，以减小配制溶液放热对荧光的影响。

方案三：配制完溶液后，放置时间从原来的60min降低为20min。

方案四：更换纯度更高的杨梅素标准品。

③ 理想解分析。最终理想解：杨梅素不加入物质即可发射稳定的强荧光。次理想解：杨梅素溶解后即可产生强荧光。根据理想解分析，可得方案五：改变杨梅素溶液的溶剂，如使用乙腈、乙醚等有机试剂代替甲醇。

图6.5 容量瓶由无色改为棕色

6.1.3 TRIZ工具求解

本项目问题关键点为甲醇与氢氧化钠反应导致pH增大，相关的分析如下：

（1）冲突解决理论

① 将问题作为技术冲突处理的解决过程如下：

为了提高杨梅素发光系统在碱性条件下的"荧光强度"，需要改变溶液中甲醇的体积分数，但这样做了会导致系统的pH值发生改变。转换成TRIZ标准冲突：

改善的参数为荧光强度增加（生产率）；恶化的参数为pH改变（物质的量）。通过查找冲突矩阵，得到如下发明原理：35、38。

依据"35参数变化"中的"改变浓度或密度"，得到方案六：配制完杨梅素溶液后加入表面活性剂β-CD，改变溶液黏度的同时也增加了杨梅素结构的稳定性，定容后再测定荧光。

依据"35参数变化"中的"改变系统的灵活度",得到方案七:配制完杨梅素溶液后放入冰箱恒温(控制在5℃),降低被测液体的温度进而测定荧光。

② 将问题作为物理冲突处理的解决过程如下:

为了"增加杨梅素的荧光强度",需要参数"甲醇含量"为"多",但又为了"pH维持一定范围",需要参数"甲醇含量"为"少",即某个参数既要"多"又要"少"。选用分离原理当中的"时间分离"原理,得到解决方案八:先以甲醇作为溶剂对杨梅素进行溶解,得到杨梅素甲醇溶液,此时溶剂中甲醇体积分数为100%,以确保杨梅素的完全溶解;之后在溶液测定时,用水稀释杨梅素甲醇溶液,控制甲醇体积分数为20%左右,pH保持在9~10,使荧光强度达到最强,测定荧光。

(2)物质-场模型分析及76个标准解

建立问题的物质-场模型,如图6.6所示。

根据所建问题的物质-场模型,应用标准解解决流程,得到方案九:引入生物蛋白质,让其与杨梅素发生反应,测量蛋白质的荧光变化。

改进之后的物质-场模型,如图6.7所示。

图6.6 物质-场模型　　　　图6.7 改进之后的物质-场模型

本项目问题关键点为杨梅素荧光体选择不合适,采用"裁剪"工具进行分析。

裁剪前功能模型,如图6.8所示。

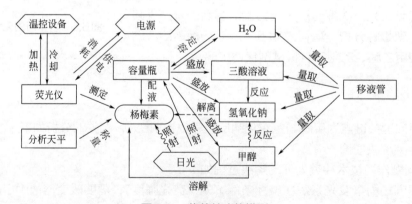

图6.8 裁剪前功能模型

实验过程中溶液pH条件控制不好,按照功能裁剪过程,得到解决方案如下:

方案十:将调节溶液pH的氢氧化钠和三酸溶液裁剪,加入氨-氯化铵溶液。裁剪后功能模型如图6.9所示。

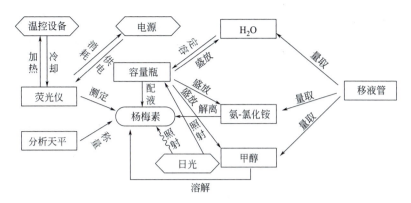

图6.9 方案十裁剪后功能模型

方案十一：将调节溶液pH的氢氧化钠和三酸溶液裁剪，加入金属锆离子，测定荧光。裁剪后功能模型如图6.10所示。

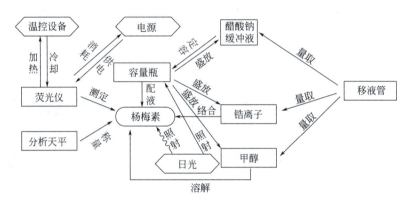

图6.10 方案十一裁剪后功能模型

6.1.4 工程问题的解

全部技术方案及评价见表6.2。

表6.2 方案及评价

序号	方案	所用创新原理	可用性评估
1	将容量瓶由无色改为棕色	因果链分析	可用
2	配制溶液时溶液冷水浴	因果链分析	不可用，不稳定
3	配置完溶液后静置时长缩短	因果链分析	可用
4	提高杨梅素纯度	因果链分析	可用
5	替代杨梅素溶液的甲醇溶剂	理想解分析	不可用，溶剂影响荧光
6	加入表面活性剂β-CD	技术冲突	可用
7	降低被测溶液的温度	技术冲突	不可用，不稳定
8	先配制杨梅素甲醇溶液，再用水稀释至甲醇含量为10%～20%	物理冲突	可用
9	引入生物蛋白质	物质-场模型分析	可用，有前人实践过
10	改变缓冲溶液	裁剪原理	不可用
11	加入锆离子	裁剪原理	可用

最终确定方案为：综合方案1、8、11，得到最终解决方案一。即在棕色容量瓶中，配置一系列的杨梅素标准品和杨梅提取液，在容量瓶中加入醋酸钠-醋酸溶液，使pH保持在4.23左右，甲醇的含量为10%，加入2%二氯氧化锆甲醇溶液，在该条件下，荧光量子产率达到0.05，可用外标法（标准曲线法）测定杨梅中杨梅素的含量。

综合方案1、8、6，得到最终解决方案二。即在棕色容量瓶中，配置一系列的杨梅素标准品和杨梅提取液，在容量瓶中加入三酸-氢氧化钠溶液，使pH保持在9.5左右，甲醇的含量为10%，加入β-CD溶液。在该条件下，荧光量子产率高于0.05，可用外标法（标准曲线法）测定杨梅中杨梅素的含量。

6.2 污水处理厂超滤工艺改进——降低膜污染

6.2.1 工程项目简介

在超滤膜工艺处理污水厂二级出水用于再生水回用过程中，超滤膜工艺能去除污水厂二级出水中的悬浮颗粒、大分子胶体颗粒、脂肪、细菌和天然有机物质。但是在实际工艺运行过程中，由于污染物在膜前逐渐积累，导致膜的透水能力降低，进而提高工艺运行的能耗和减少膜使用寿命。图6.11为工艺现场图。

图6.11 超滤膜工艺现场

超滤膜技术常用于处理污水厂二级出水，本项目是基于TRIZ理论发明出能够缓解超滤膜污染，延长超滤膜使用过程的超滤膜工艺。该工艺由高密度沉淀池耦合超滤膜组成，不仅能将水质处理至满足中水回用标准，而且增加超滤膜工艺出水率，减轻工艺运维成本。图6.12为其工艺运行原理图。

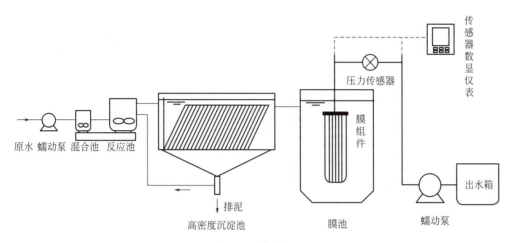

图6.12 工艺运行原理图

6.2.2 工程问题分析

(1)发明问题初始形势分析

① 系统工作原理。超滤膜筛分过程,以膜两侧的压力差为驱动力,以超滤膜为过滤介质,在一定的压力下,当原液流过膜表面时,超滤膜表面密布的许多细小的微孔只允许水及小分子物质通过而成为透过液,而原液中体积大于膜表面微孔径的物质则被截留在膜的进液侧,成为浓缩液,进而实现对原液的净化、分离和浓缩的目的,见图6.13。

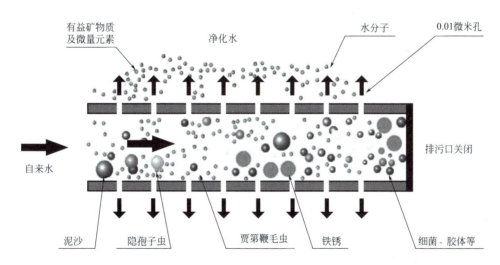

图6.13 超滤膜工艺原理图

② 主要存在问题。膜污染程度跟污水中存在物质种类有关,当水中胶体、颗粒等物质增多,在膜表面结垢越多,腐殖质物质的存在和胞外聚合物EPS(多糖和蛋白质)这些大分子化合物往往强烈地附着在膜表面,形成滤饼层而导致孔堵塞使膜性能恶化。

当超滤膜为内压式运行时,跨膜压差(TMP)增长到40MPa以上时,表明超滤膜孔堵塞严重,需要清洗或者更换,膜污染时间较长会引起浓差极化现象,导致膜通量降低。

限制条件：超滤膜的清洗周期由15天增长到30天；超滤膜膜通量由2L/（m²·h）增长到10 L/（m²·h）。

③ 存在问题和不足。对膜污染的防控一般从两个方面出发，一方面是膜运行过程中为降低污染的发生，需增加预处理工艺对水中污染物进行前处理；另一方面是在污染达到一定程度后，采取有效的措施来减轻污染带来的不利影响，防止膜污染物进一步积累而导致更严重的危害。化工行业通常采用先将二级出水用预氧化的方式进行处理来降低水中污染物水平，再将预处理后的出水过超滤膜处理。

臭氧、氯气、二氧化氯、过氧化氢、高锰酸钾和高铁酸钾是在水处理领域得到广泛应用和研究的强大而有效的氧化剂。但是，其中大多数在使用时会产生副作用，例如氯与卤化副产物的产生有关，高锰酸盐增加了污泥产量并增加了残余锰元素浓度的风险。

（2）系统分析

① 应用因果链分析法确定产生问题的原因，见图6.14。

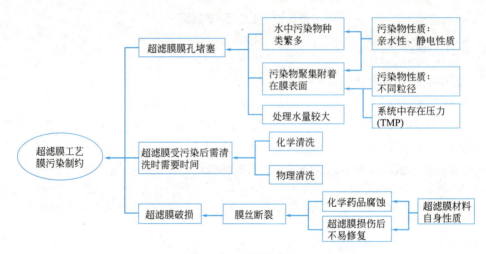

图6.14　因果链分析

② 功能分析，见图6.15、图6.16。

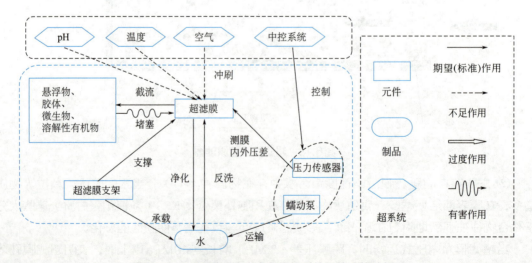

图6.15　超滤膜过滤水中污染物时的系统功能分析

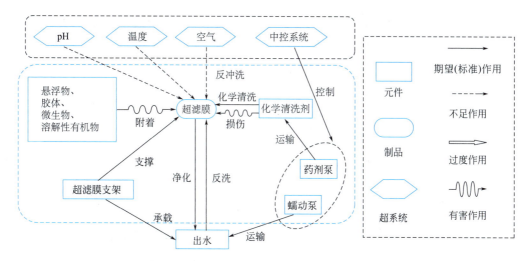

图6.16 受污染超滤膜清洗时的系统功能分析

③ 资源分析，见表6.3。

表6.3 资源分析

项目	资源名称	类别	可用性
系统内部资源	超滤膜	物质资源	过滤水中杂质
	待处理污水厂出水		
	蠕动泵		
	超滤膜过滤周期	时间资源	
	超滤膜形状	导出空间资源	
	水中污染物质	差动物质资源——化学特性	
系统外部资源	处理后水	导出物质资源	
	电能	场资源	

6.2.3 TRIZ工具求解

本项目以"污染物粒径多种多样，超滤膜膜孔小，污染物聚集速度快"为入手点解决问题，相关分析如下：

根据所建问题的物质-场模型，应用标准解解决流程，得到方案有：

方案一：在超滤膜工艺前加入微滤膜处理污水厂出水，减轻超滤膜负担。改进之后的物质-场模型，如图6.17所示。

方案二：在超滤膜工艺中加入磁性树脂，处理污水厂出水，并用磁性材料控制磁性树脂的回收和重复利用，减轻超滤膜负担。

以"膜通量越大，污染物聚集速度快，TMP增长速率越快，使得膜污染积累速度越快"为入手点解决问题，相关分析如下：

转换成TRIZ标准冲突，改善的参数为应力或压强，恶化的参数为物质的量，对应的发明原理：10预操作、14曲面化、36状态变化。

方案三：依据10预操作，可考虑将二级出水先经过高密度沉淀池，将水中的大分子胶体颗粒物去除，之后再通入超滤膜。

方案四：依据14曲面化，超滤膜在反冲洗时，在滤池中以轴心进行旋转，以期将污染物快速与膜分离，缩短清洗周期，见图6.18。

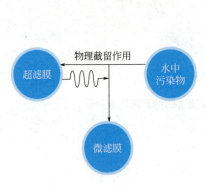

图6.17 改进之后的物质－场模型

图6.18 方案四工作原理示意

方案五：依据36状态变化，在物质状态变化过程中实现某种效应。在超滤膜池中加入油类物质，通过水中污染物的亲油性质，油类物质将其吸附，并浮在液面之上，使污染物分离。

还可使用效应解决问题，登录网络效应库，确定问题要实现的功能为"分离+污染物"。查找效应知识库，得到可用的效应为"沸石"，依据该效应得到问题的解决方案六。沸石是用作商业吸附剂的微孔硅铝酸盐矿物，在超滤膜池内放入沸石后，沸石的吸附性能可吸附水中部分污染物。

以"超滤膜反冲洗需要时间，导致产水率提升"为入手点解决问题，相关分析如下：

① 利用冲突解决理论解决问题。为了增加超滤膜的使用频率，需要将膜进行清洗，但这样做了会导致系统产水率下降。转换成TRIZ标准冲突，改善参数为39生产率，恶化参数为27可靠性，得到对应的发明原理为：1、28、7、19，据此可得方案七：

方案七：依据分割原理，将超滤膜池分成两部分，一个是过滤池，一个是清洗池。当超滤膜池的超滤膜需要清洗时，将待清洗超滤膜转移至清洗池对超滤膜进行清洗，见图6.19。

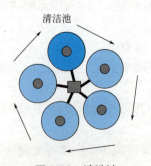

图6.19 清洗池

② 使用"效应"解决问题。确定问题要实现的功能为"清除+固体"。查找效应知识库，得到可用的效应为"荷叶效应"，依据该效应得到问题的解决方案。"荷叶"效应：莲花的叶子具有非常高的拒水性(超疏水性)。由于表面复杂的微观和纳米结构，污垢颗粒可以被水滴吸附，从而使附着力降到最低。

据此可得方案八：

方案八：对超滤膜材料进行改进，一方面由于超滤膜表面复杂的微观和纳米级结构，可使污垢颗粒被水滴拾取，这使得黏附性最小化，水中物体不易附着在膜表面进行剥离；同时即使有部分颗粒附着在膜表面，在物理冲洗时更容易清洗。

6.2.4 工程问题的解

全部技术方案及评价见表6.4。

表6.4 方案及评价

序号	方案	所用创新原理	可用性评估
1	加入微滤膜	物质-场模型	一般
2	加入铁磁材料——磁性树脂	物质-场模型	可行
3	与预处理相结合	技术冲突与发明原理	一般
4	加入离心力	技术冲突与发明原理	一般
5	参数变化	技术冲突与发明原理	较差
6	加入沸石	效应——"沸石"	一般
7	分离过滤区与清洗区	技术冲突与发明原理	一般
8	对超滤膜材料进行改进	效应——"荷叶效应"	可行

最终确定方案为：利用超滤膜工艺处理污水厂二级出水达标的前提下，减少膜污染状况，延长膜使用寿命，在超滤膜工艺之前放置预处理工艺单元，磁性介质高密度沉淀耦合超滤膜工艺。

6.3 用于化工材料的保温存储罐

6.3.1 工程项目简介

化工材料保温罐是一种对化工材料进行保温的装置。现有的保温罐一般都是由罐体和罐盖组成，保温效果不够好，容易导致保温罐内部的材料发生变质损坏，且由于保温罐的内部为桶状，往往造成物品不好拿放的问题发生。所以本项目提出了一种用于化工材料保温的存储罐，以便于解决上述问题。

6.3.2 工程问题分析

（1）问题描述

现有的保温罐一般都是由罐体和罐盖组成，保温效果不够好，容易导致保温罐内部的材料变质损坏，且由于保温罐的内部为桶状，往往造成物品不好拿放的问题发生。

（2）发明问题初始形势分析

① 系统的工作原理：保温罐是一种化工材料保温装置，一般都是由罐体和罐盖组成。

② 存在的问题：现有的保温罐保温效果不够好，容易导致保温罐内部的材料变质，且由于保温罐的内部为桶状，往往造成物品不好拿放。

③ 限制条件：保温效果不够好，物品不好拿放。

④ 目前已有产品：保温罐，如图6.20所示。

图 6.20　保温罐

（3）系统分析

① 因果分析：由于现有的保温罐使用时，保温效果不够好，且物品不好拿放，见图6.21。

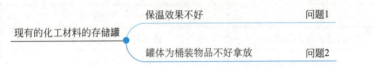

图 6.21　因果分析

② 九屏分析见表6.5。

表 6.5　九屏分析

超系统的过去：化学反应釜	超系统：精密机床、模具	超系统的未来：工厂
系统的过去：存储罐体、真空层、内胆层、玻璃门、高温玻璃、温度计、密封条、射灯、卡扣等	当前系统：化工材料用具有保温功能的存储罐	系统的未来：化工材料存储室
子系统的过去：电子元件	子系统：存储罐体、真空层、内胆层、玻璃门、高温玻璃、温度计、密封条、射灯、卡扣等	子系统的未来：化工材料用具有保温功能的存储罐

③ 功能分析，见图6.22。

图 6.22　功能分析

6.3.3　TRIZ工具求解

（1）问题分析

问题关键点：①现有的化工材料用具有保温功能的存储罐，保温效果较差；②现有的化工材料用具有保温功能的存储罐采用桶装，不利于材料的取放。

（2）理想解分析

最终理想解：一种化工材料用具有保温功能的存储罐，包括存储罐体、密封条、射灯、开关和卡扣等。所述存储罐体的前侧安装有玻璃门，且玻璃门的内侧安装有高温玻璃；所述高温玻璃的左上方内嵌有温度计；所述密封条贴合在玻璃门的外侧，且密封条的左侧后方设置有电源线；所述电源线的右侧下方焊接有支脚；所述射灯安装在存储罐体内部的上方，且射灯的下方内壁上设置有凹槽；所述凹槽的下方设置有放置盘，且放置盘的下方连接有承托架；所述承托架的下方设置有电机；所述开关位于存储罐体内部的左侧上方位置，且开关的右侧安装有干燥盒；所述干燥盒上设置有通孔；所述卡扣位于干燥盒的右侧。

（3）可利用资源分析

① 系统内部资源分析如表6.6所示。

表6.6　系统内部资源分析

资源名称	类别	可用性
外壳层、加热丝层、真空层和内胆层、高温玻璃	物质资源	保温
干燥盒	物质资源	干燥

② 系统外部资源分析如表6.7所示。

表6.7　系统外部资源分析

资源名称	类别	可用性
加热丝层和温度计	物质资源	保温
真空层和密封条	物质资源	密封

（4）物理矛盾分析

为了"满足化工材料保温的需要"，需要密封参数为"正"，但又为了"满足化工材料干燥的需要"，需要密封参数为"负"。

6.3.4　工程问题的解

全部技术方案如下：

方案1：打造化工材料用的具有保温功能的存储罐。方案1评价：虽然改善保温的问题，但保温效果欠佳。

方案2：应用加热丝层、温度计、真空层、密封条以及干燥盒综合打造一个化工材料用的具有保温功能的存储罐。方案2评价：该方案既解决了保温的问题，又解决了桶状物品不好取放的问题。

最终确定方案为：应用加热丝层、温度计、真空层、密封条以及干燥盒综合打造一个化工材料用的具有保温功能的存储罐，它由存储罐体、密封条、射灯、开关和卡扣等组成。所述存储罐体的前侧安装有玻璃门，且玻璃门的内侧安装有高温玻璃；所述高温玻璃的左上方内嵌有温度计；所述密封条贴合在玻璃门的外侧，且密封条的左侧后方设置有电源线；所述电源线的右侧下方焊接有支脚；所述射灯安装在存储罐体内部的上方，且射灯的下方内壁上设置有凹槽；所述凹槽的下方设置有放置盘，且放置盘的下方连接有承托架；所述承托架的下方设置有电机；所述卡扣位于干燥盒的右侧。该化工材料用的具有保温功能的存储罐安装了真空层和密封条，便于隔绝外界温度，防止存储罐体内部的温度散发得过快，增强了装置的密封性，见图6.23。

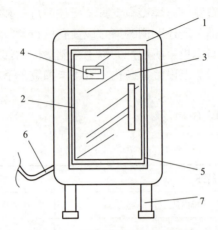

图6.23　具有保温功能的存储罐

1—存储罐体；2—玻璃门；3—高温玻璃；4—温度计；
5—密封条；6—电源线；7—支脚

6.4　用于化学教学的高效化学废气处理器

6.4.1　工程项目简介

化学是学生必修的一门课程，教学过程会做一些实验用来辅助教学。但许多化学实验中，常常会产生一些有毒有害的气体，长时间可能会危害到学生以及教师的身体健康。虽然，有通风换气装置，但是气体直接排放到大气中会对空气造成污染，所以本项目提出了一种用于化学教学用的化学废气处理装置，以便解决上述问题。

6.4.2　工程问题分析

（1）问题描述

化学教学过程中常常会做一些实验用来辅助教学过程。但是在许多化学实验中，常常会产生一些有毒有害的气体，长时间可能会危害到学生以及教师的身体健康，将一些有毒有害的气体直接排放到大气中，会对空气造成污染。

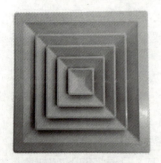

图6.24　通风装置

（2）发明问题初始形势分析

① 系统的工作原理：仅有通风换气装置。

② 存在的问题：现有的通风换气装置将一些有毒有害的气体直接排放到大气中，也会对空气造成污染。

③ 限制条件：造成空气污染。

④ 目前已有产品：通风装置，直接排出污染空气，如图6.24

所示。

（3）系统分析

① 因果分析。由于现有的化学教学用的化学废气处理装置在处理废气时，直接排出，易造成空气的污染的问题，见图6.25。

② 九屏分析，见表6.8。

表6.8 九屏分析

超系统的过去：化学反应釜	超系统：精密机床、模具	超系统的未来：教师、学生
系统的过去：直接式的通风口	当前系统：化学教学用的化学废气处理装置	系统的未来：使用废气处理装置的化学实验室
子系统的过去：塑料等	子系统：气管、滤芯、抽气泵、间隔板	子系统的未来：化学教学用的化学废气处理装置

③ 功能分析，见图6.26。

图6.25 因果分析　　　　图6.26 功能分析

6.4.3 TRIZ工具求解

（1）问题分析

问题关键点包括：①处理装置太直接，造成空气污染；②有毒有害气体外露危害教师学生身体健康。

（2）理想解分析

最终理想解：化学教学用的化学废气处理装置，可对废气进行处理，进而有效地解决一些有毒有害的气体直接排放到大气中。

（3）可利用资源分析

①系统内部资源分析如表6.9所示。

表6.9 系统内部资源分析

资源名称	类别	可用性
吸气罩	物质资源	收集气体
间隔板	物质资源	隔绝气体
过滤主体	物质资源	净化、过滤
抽气泵	物质资源	动力

② 系统外部资源分析如表6.10所示。

表6.10 系统外部资源分析

资源名称	类别	可用性
过滤主体的内部设置有过滤芯	物质资源	过滤效果更强
处理主体	物质资源	对有毒有害气体进行处理

（4）物理矛盾分析

为了"防止造成空气污染"，需要化学实验室的密封性参数为"正"，但又为了"防止危害到学生以及教师的身体健康"，需要化学实验室的密封性参数为"负"。

6.4.4　工程问题的解

全部技术方案及评价如下：

方案1：应用化学教学的化学废气处理装置。方案1评价：化学教学用的化学废气处理装置，既解决了化学实验室废气问题，又对废气进行了处理。

方案2：应用化学教学的化学废气收集装置。方案2评价：虽然解决了实验室废气问题，但是没有对废气进行处理。

最终确定方案为：应用化学教学的化学废气处理装置。具体为吸气罩的外侧将吸气管与吸气主体相连接，且吸气主体的上侧安装有过滤主体。所述过滤主体的上端通过导气管与处理主体相连接，且处理主体的下侧固定有支撑底板；所述处理主体的上侧设置有封口塞和出气管；所述过滤主体的内部设置有过滤芯；所述过滤主体的下端通过连接座与吸气主体相连接，且吸气主体的内部设抽气泵；所述处理主体的内部固定有间隔板。该用于化学教学用的化学废气处理装置设置有处理主体，可以通过处理主体对有毒有害气体进行化学性质的处理过程，进而有效地解决一些有毒有害的气体直接排放到大气中会对空气造成污染的问题，见图6.27。

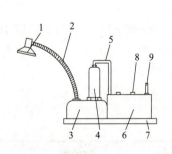
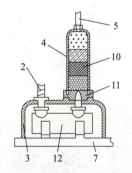
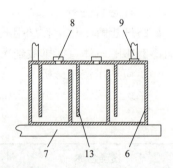

图6.27　应用化学教学的化学废气处理装置

1—吸气罩；2—吸气管；3—吸气主体；4—过滤主体；5—导气管；6—处理主体；
7—支撑底板；8—封口塞；9—出气管；10—过滤芯；11—连接座；12—抽气泵；13—间隔板

第七章 TRIZ在材料工程中的应用

7.1 气态流化相变微胶囊制备工艺及设备开发

7.1.1 工程项目简介

针对相变材料微胶囊制备时粉体料分布不均匀，难以形成球状的问题，本工程根据TRIZ理论，对有机/无机相变芯材制备的设备及工艺进行了改进，形成了气态流化相变微胶囊制备设备，主要包括气态流化喷雾成型组件模块、高速气态流化组件模块、自清洁磨球、振动式磨料罐、变频调速及研磨过程颗粒流化态等，改造后的设备在工业化生产有机/无机相变芯材粉体时效率提高2倍，节省4h/批次，取得4千万元的应用价值。

相变储能材料是指在物质相变过程中，与外界环境进行热交换并且可以对热量进行储存或释放的材料，其具有蓄热密度大、蓄热容量大、成本低、较稳定以及较易获取等优点。相变储能技术是一种能有效利用能源进而提高能量利用率的技术手段，其中相变储能材料是相变储能技术的核心研究内容。相变储能材料市场巨大且发展速度快，被广泛地应用在航天、建筑、服装、制冷设备、军事、通信、电力等方面，如图7.1所示。

相变材料作为一种新型的储热及放热材料，是能源领域研究的热点，其通常是指在相变温度范围内能够发生相态转变同时伴随着潜热的吸收或释放的材料，目前普遍应用的是固－液转换材料。在相变转换过程中，相变材料体积发生变化同时伴随着热量的转移，而材料自身的温度几乎保持恒定，因此，相变材料具有非常优异的调温和控温功能。但是，相变材料尤其是液态相变材料，作为一种无机或有机的化合物往往存在腐蚀、氧化、水解等问题，同时，在相转变过程中相变材料会发生熔融流动的现象，难以直接使用或进行运输，容易对外界环境造成一定影响。

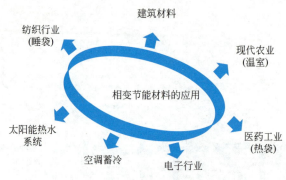

图7.1 相变材料的应用

因此，目前最好的方法是采用微胶囊技术将相变材料包覆起来，从而使液态的相变材料处于被包埋的状态中，即实现液体固态化，如图7.2所示。封装在微胶囊中的相变材料具有较大的相变潜热，能有效提升储热、放热密度，且相变过程在微胶囊壁材内部进行，避免了相变材料泄露及团聚的问题。常规的相变微胶囊一般具有使环境温度保持原有状况不变及防止污染的功能。为了进一步拓展相变微胶囊的应用范围，通过对微胶囊进行表面结构修饰得到的改性相变微胶囊则具有更多的功能化优势，在缓解噪声、吸附有害气体、水质净化、电磁屏蔽等领域具有广泛的应用前景。

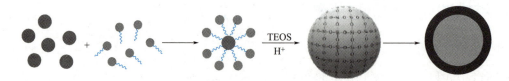

图7.2 微胶囊技术将相变材料包覆

7.1.2 工程问题分析

（1）问题描述

采用高能球磨机对相变包覆微胶囊用有机/无机相变芯材料超细粉体制备时，难以使粉体形成球状，流动性差，造成相变材料包裹效率低、封装牢固性差、循环耐久性不强等，从而限制了相变储能材料的广泛使用。

（2）发明问题初始形势分析

① 定义技术系统实现的功能。问题所在技术系统为：相变包覆微胶囊用有机/无机相变芯材料超细粉体制备机械球磨系统。该技术系统的功能为：研磨破碎有机/无机相变芯材料粉体。实现该功能的约束有：有机/无机相变芯材料粉体原始粒度、研磨方法、球料比、填充率、球磨时间、分散剂。

② 现有技术系统的工作原理。将有机/无机相变芯材料、乙醇放置在高能球磨机中，将有机/无机相变芯材料磨碎，如图7.3所示。

图7.3中，与调速电机1固联的小皮带轮2通过皮带3与大皮带轮4构成皮带传动机构，与大皮带轮4固联并同轴运转的转盘5上对称布置有若干球磨筒7(图中仅有2个，且省去了磨筒支架)，每个磨筒的中心转轴6都与转盘5构成回转副，并且转轴6的下部固联有行星带

轮9，带轮9又通过皮带与同机座固联的中心带轮8构成皮带传动。当调速电机启动后，转盘5便会转动起来，同时球磨筒7便开始作行星运动。这种行星式高能球磨机呈立式，即各旋转体的轴心线都与地面垂直。

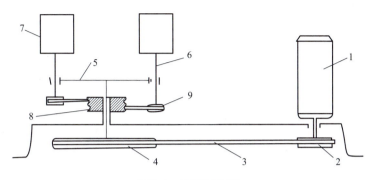

图7.3 高能球磨机

1—调速电机；2—小皮带轮；3—皮带；4—大皮带轮；5—转盘；
6—中心转轴；7—球磨筒；8—中心带轮；9—行星带轮

③ 当前技术系统存在的问题。有机/无机相变芯材料大小不均匀，难以形成球状，流动性差，产生缺陷，造成微胶囊包覆率低，导致泄漏发生。球磨后粉体有机/无机相变芯材料粉体，呈不规则状粒度，且呈现偏正态分布。

④ 问题出现的条件和时间。有机/无机相变芯材料粉体在研磨后体积平均粒径：2h为4.97μm、4h为4.28μm、6h为2.47μm。随球磨时间延长，体积平均粒径减小，但仍然呈现偏正态分布。有机/无机相变芯材料粉体研磨后的分布区间太大，造成微胶囊包覆率低且不均匀，流动性变差。

⑤ 问题或类似问题的现有解决方案及其缺点。

a. 通过延长球磨时间，最终使颗粒破碎率和团聚长大速率平衡，粉体颗粒度趋于一致。缺点为时间长，效率低。

b. 高能球磨机的破碎方式。缺点为粉体颗粒的形貌为不规则齿状，而非球状。

（3）系统分析

① 功能分析（表7.1）。

表7.1 功能分析

制品	有机/无机相变芯材料粉体
系统元件	有机/无机相变芯材料粉体、乙醇、磨球、研磨罐
超系统元件	卡具支架、转轴、转动皮带、电动机、控制开关

建立已有系统的功能模型，如图7.4所示。

② 因果分析。应用因果链分析法确定产生问题的原因，首先从人、机、料、法、测等方面采用鱼骨图对粒度不均的问题进行分析，如图7.5所示。

然后，采用应用因果链分析法确定产生问题的原因，如图7.6所示。

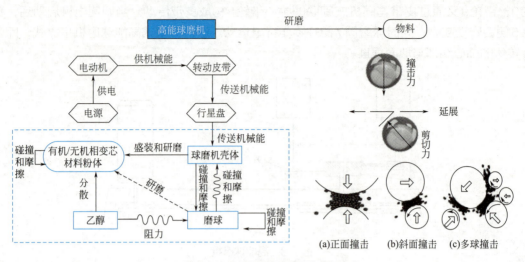

图7.4 系统的整体功能分析图

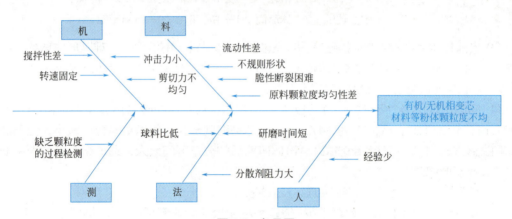

图7.5 鱼骨图

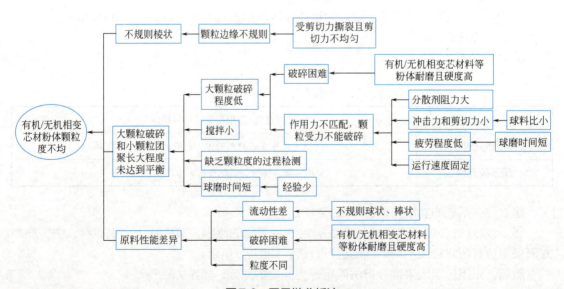

图7.6 因果链分析法

③ 冲突区域确定（问题关键点确定）。具体包括：

问题关键点1：作用力与有机/无机相变芯材粉体颗粒破碎程度不匹配；

问题关键点2：作用力不均匀，使粉体成球状困难；

问题关键点3：研磨时间未能使颗粒破碎和团聚长大程度达到平衡。

7.1.3　TRIZ工具求解

（1）可用资源分析

确定系统可用资源，见表7.2。

表7.2　可用资源分析

项目	类别	资源名称	可用性分析
内部资源	物质资源	有机/无机相变芯材粉体颗粒	有机/无机相变芯材粉体颗粒之间相互碰撞消除棱角
		磨球	通过调整磨球搭配和增加球料比对有机/无机相变芯材粉体颗粒的作用力，提高破碎率
		球磨机壳体	盛装并与磨球碰撞研磨有机/无机相变芯材粉体颗粒
		乙醇	分散细颗粒，防止发生团聚
	场资源	冲击势能	调整电机转速。增加磨球对有机/无机相变芯材粉体颗粒的冲击力，提高破碎率和破碎程度
外部资源	物质资源	电动机	调整电动机的转速，改变冲击力
超系统资源	物质资源	激光粒度仪	测量有机/无机相变芯材粉体颗粒的颗粒度
		烘箱	对有机/无机相变芯材粉体烘干
		筛子	对有机/无机相变芯材粉体颗粒分级

（2）问题求解

以问题关键点1——作用力与有机/无机相变芯材粉体颗粒破碎程度不匹配为例，介绍问题的求解过程。

① 技术冲突解决理论。

a. 冲突描述：为了提高球磨系统的"颗粒的破碎率"，需要"增加作用力"，但这样做会导致系统的"功率增加"。

b. 转换成TRIZ标准冲突：改善的参数——7 运动物体的体积；恶化的参数——21 功率。

c. 查找冲突矩阵，得到对应的发明原理为：35、6、13、18。据此，可得以下方案：

方案一：依据发明原理35参数变化，得到"改变物体浓度或黏度"的解。方案描述：将球料比由10∶1调整为15∶1，乙醇的添加量保持不变，这样相当于稀释了磨料的浓度，增强了磨球对磨料的冲击和剪切力，从而提高了粉体的破碎效率。

方案二：依据发明原理13反向，得到"将一个问题说明中所规定的操作改为相反的操作"的解。方案描述：采用可反向旋转的电动机，当球料罐正向旋转0.5h后，再反向旋转0.5h，以改变粉体的受力方向，增强粉体受力的均匀性，加速疲劳，从而提高粉体的破碎效率。

方案三：依据发明原理18振动，得到"使物体处于振动状态"的解。方案描述：在球料罐上下加入弹簧装置，使得球料罐在转动的过程中产生上下的振动，增强粉体受力的方向，加速破碎，从而提高粉体的破碎效率。

方案四：依据发明原理6多用性，得到"一个物体能完成多项功能，可以减少原设计中完成这些功能的多个物体的数量"的解。方案描述：将变频器由固定频率改变为动态调频，即在研磨过程中，根据粉体的状态，动态地调整球罐的速度，提高粉体的破碎率。

② 物理冲突解决理论。

a.冲突描述：为了"提高破碎率"，需要参数"作用力"为"正"；但又为了"减少功率"，需要参数"作用力"为"负"，即某个参数既要"正"又要"负"。

b.选用分离原理当中的"时间分离"原理，得到解决方案五。

方案五：依据发明原理10预操作，得到"在操作前，使物体局部或全部产生所需要的变化"的解。方案描述：在机械球磨前先对有机/无机相变芯材粉体颗粒加热，然后快淬，使有机/无机相变芯材粉体颗粒的脆性增强，改善研磨过程的脆断能力，如图7.7所示。

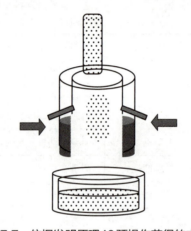

图7.7　依据发明原理10预操作获得的方案

7.1.4　工程问题的解

根据TRIZ理论，可采用的方案见表7.3。

表7.3　可采用的方案

序号	方案要点	所用创新原理
1	将球料比由10∶1调整为15∶1	发明原理35
2	采用可反向旋转的电动机，0.5h反向旋转	发明原理13
3	在球料罐上下加入弹簧装置	发明原理18
4	将变频器由固定频率改为动态调频	发明原理6
5	球磨前先对有机/无机相变芯材颗粒加热，然后快淬	发明原理10

最终选择的解决方案为高速气态流化微胶囊制备设备，如图7.8所示。

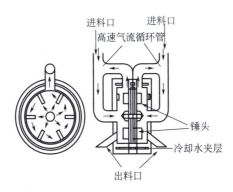

图7.8 高速气态流化微胶囊制备设备

7.2 基于TRIZ解决热冲压模具寿命低问题

7.2.1 工程项目简介

在汽车制造业中，汽车轻量化与安全化是其今后发展的必然方向。鉴于汽车的轻量化、安全化的要求，高强度汽车结构钢板的需求日益明显。热冲压技术是针对高强度汽车结构钢板冲压成型而发展的一项新工艺与新技术。经过热冲压工艺生产的高强钢汽车零部件，抗拉强度可超过1500MPa。高强钢板热冲压零件主要应用汽车车身构件部件，如保险杠、车顶加强梁、防撞杆、地板中通道等。高强钢板热冲压件的应用，可以在满足降低汽车车身重量的要求下，保持汽车车身较高的强度，在汽车发生交通事故时保持车身的完整性，保证乘车人员的安全。热冲压成形后零件强度等性能指标大幅度提高，能够承受更大的撞击力，能够吸收更多的能量，有效地提高汽车的驾乘安全性能。例如，在载荷为40kN的情况下，冷成形梁的侵入量为105mm左右，而热成形梁的侵入量仅为约17mm，一旦发生事故，能够给驾乘人员带来更多的保护。正因如此，汽车制造业对高强钢板热冲压零件的需求逐年增加，给热冲压制造业带来发展机遇的同时也带来了挑战。

高强钢板热冲压成型新技术是将特殊的高强度钢板加热到奥氏体化温度，然后移动到模具中快速冲压，并在保压状态下通过加工有冷却水道的模具对零件进行淬火冷却，最后获得超高强度冲压件的新型成型工艺。热冲压成型工艺原理如图7.9所示。

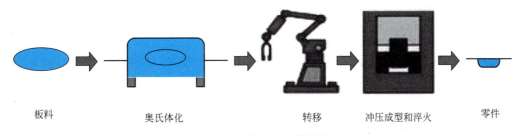

图7.9 热冲压工艺图示

针对高强钢板热冲压模具磨损等造成的模具寿命低问题，本项目依据TRIZ理论，得到了多种解决方案，通过对方案的综合评价，得到解决高强钢板热冲压模具寿命低问题的可行方案，提高模具寿命1倍以上，潜在经济价值巨大。

7.2.2 工程问题分析

（1）问题描述

高强钢板汽车零部件的生产过程中，热冲压模具会因高温、加工钢板的强度高、钢板氧化铁皮等原因，容易发生严重的磨损问题。模具耐磨性能的好坏决定其寿命长短。模具易磨损造成制造成本增加和产品质量的降低。目前的热冲压模具制造费用较为昂贵，一套模具的制造成本在几百万至上千万元。

因此，模具的使用寿命直接影响着冲压部件的成本和整条产线的效益。热冲压模具寿命低的问题已成为工程人员急需解决的热点问题。图7.10为热冲压现场待修模具。

图7.10 冲压生产现场模具

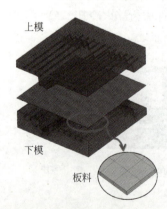

图7.11 高强钢板热冲压系统

（2）发明问题初始形势分析

① 定义技术系统实现的功能。问题所在技术系统为：钢板热冲压系统。该技术系统的功能为：钢板成型变强。实现该功能的约束有：钢板质量、模具、冲压节拍、冷却速率、冲压时间。

② 现有技术系统的工作原理。系统工作原理为：高强钢板经下料、裁剪、加热后，通过机械手臂转移至冲压模具中，通过上模的冲压使钢板成型，同时经过带有冷却水道的模具内淬火热处理得到高强度马氏体组织，提高力学性能，如图7.11所示。在此过程中，模具压力加工高强钢板，由于多种原因造成模具失效而报废。

③ 当前技术系统存在的问题。加工温度高，模具磨损严重（图7.12）；变形力大，模具发生开裂和压塌。这些都会导致模具的寿命低，产线生产效率低。

④ 问题出现的条件和时间。具体有：模具磨损失效；模具开裂失效；模具塑性变形失效。

⑤ 问题或类似问题的现有解决方案及其缺点。现有解决方案有：磨损面粗糙部分进行抛光打磨；磨损或开裂后，制备新的模具镶块；塑性变形后，局部补焊。

现有方案的缺点有：抛光、换模、补焊影响加工效率；制造新模具费用昂贵，生产成本大；增加换模时间，降低效率，且增加成本。

图7.12 模具磨损

（3）系统分析

① 功能分析，见表7.4。

表7.4 功能分析

制品	零件
系统元件	上模、下模、水道、冷却水、钢板、模架、导卫、顶杆
超系统元件	机架

建立已有系统的功能模型，如图7.13所示。

通过功能模型分析，描述了系统元件及其之间的相互关系，并得出导致冲压模具寿命低问题的功能因素。在建立的功能模型图中，选择目标问题，如图7.14所示：

a. 钢板磨损模具，造成磨损失效；

b. 钢板挤压模具，造成塑性变形失效；

c. 模具挤压冷却水道，造成模具开裂失效。

② 因果分析：应用因果链分析法确定产生问题的原因，如图7.15所示。

③ 冲突区域确定（问题关键点确定）。具体包括：

问题关键点1：模具与零件之间存在压力且直接接触；

问题关键点2：模具组织耐磨性低；

问题关键点3：冷却水能力差，模具热导率低，导致表面温度高，耐磨性低。

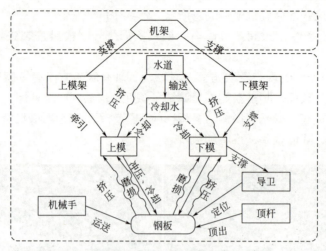

图7.13 系统功能模型

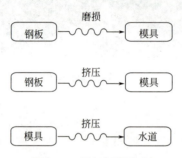

图7.14 目标问题确定

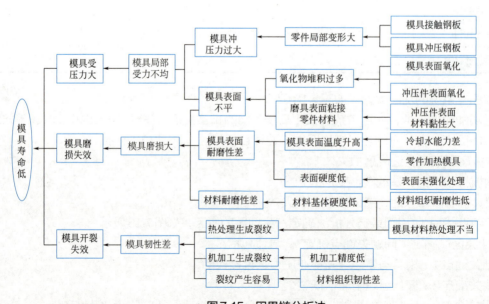

图7.15 因果链分析法

7.2.3 TRIZ工具求解

（1）可用资源分析

系统内部资源可用资源分析如表7.5所示。

表7.5 系统内部资源可用资源分析

类别	资源名称	可用性分析（初步方案）
物质资源	模具	组织调控，增加耐磨性
	钢板	工艺调整，减小变形抗力
	冷却水	增加冷却能力，减少磨损
场资源	冷却水传递给模具的热场	增加冷却水冷却能力，降低模具温度
	钢板传递给模具的压力场	使系统内不同位置实现不同压力

（2）问题求解

以问题关键点1"模具与零件之间存在压力且直接接触"为例来解决问题。

① 技术冲突解决理论。

a.冲突描述：为了避免模具给钢板传递过大的压力，造成磨损严重，需要将模具传递给模板的压力减小，但这样做了会导致系统无法工作，钢板变形精度下降。

b.转换成TRIZ标准冲突：改善的参数为23物质损失；恶化的参数为29制造精度。

c.查找冲突矩阵，得到对应的发明原理为：35、10、24、31。据此，可得以下方案：

方案一：依据发明原理10预操作，采用间接热冲压方式，把冲压成型和淬火热处理分开进行。将磨损严重的冲压过程放在第一步进行，降低磨损；之后进行热处理，如图7.16所示。

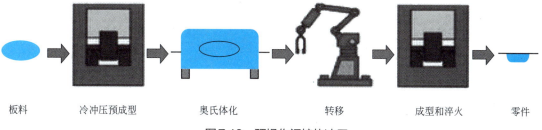

板料　　冷冲压预成型　　奥氏体化　　转移　　成型和淬火　　零件

图7.16 预操作间接热冲压

方案二：依据发明原理35参数变化，通过使钢板的温度升高而降低钢板的变形抗力，模具施加较小的压力即可使钢板变形。

方案三：依据发明原理24中介物，加入中介物，中介物可以承受模具与零件间的压力，减轻零件对模具的磨损，如图7.17所示。

② 物质-场模型分析及76个标准解。

a.建立问题的物质-场模型，如图7.18所示。

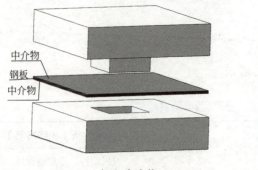

图7.17 加入中介物

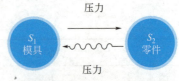

图7.18 物质-场模型

b. 根据所建问题的物质-场模型，应用标准解解决流程，得到标准解。采用的标准解为：当前设计中同时存在有用和有害作用，S_1和S_2不必直接接触，引入S_3消除有害作用。改进之后的物质-场模型，如图7.19所示。

c. 依据选定的标准解，得到问题的解决方案四。

方案四：开发高温润滑物质，降低模具与冲压件间相对滑动时的摩擦力，减少模具的磨损，如图7.20所示。

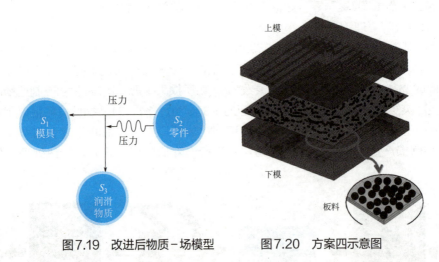

图7.19 改进后物质-场模型　　图7.20 方案四示意图

7.2.4 工程问题的解

根据TRIZ理论，可采用的方案见表7.6。

表7.6 可采用的方案

序号	方案	所用原理
1	直接冲压变为间接冲压	技术冲突与发明原理
2	冲压件变形温度进行调整	技术冲突与分离原理
3	采用中介物	技术冲突与分离原理
4	采用高温润滑物质	物质-场模型分析及76个标准解

7.3 基于TRIZ理论提高低碳钢基Fe-Cr合金表面复合材料铬含量

7.3.1 工程项目简介

低碳钢材料（图7.21）价格便宜、制造工艺简单，同时又具有良好的塑性、韧性、易加工性等综合性能，是工程中应用数量最多、范围最广的钢铁材料。然而，在工程应用中普遍存在一个致命的弱点，即易腐蚀。低碳钢基复合材料（图7.22）结合了低碳钢的众多优点和复合材料耐腐蚀的优点，实现优势互补，扩大了材料的应用范围，节约了大量的贵金属资源，具有极其深远的使用前景。

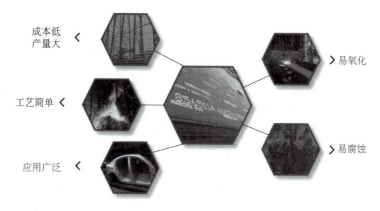

图7.21　低碳钢材料

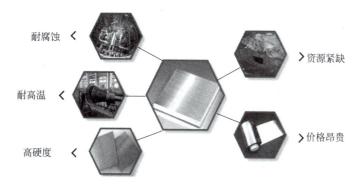

图7.22　低碳钢复合材料

熔盐电沉积法制备（图7.23）可以实现被电解物质与基体材料的冶金结合，提高结合力。项目首次提出采用NaCl-KCl-NaF-Cr_2O_3熔盐体系在0.2%碳钢基体表面电解沉积制备Fe-Cr合金复合材料，旨在提高碳钢的耐腐蚀性能，扩大应用范围。

针对熔盐电沉积过程中低碳钢基Fe-Cr合金表面复合材料表面铬含量无法提升以及材料表面质量较差，从而难以达到保护基体的问题。本项目根据TRIZ理论，对常用的熔盐电沉积制备工艺和设备进行了创新改进，得到良好的效果，对电镀、电解等行业具有巨大的实际意义。

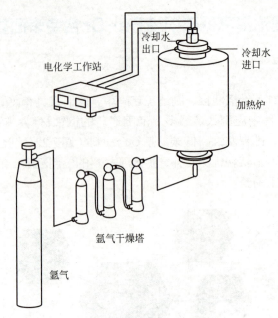

图7.23 熔盐电沉积法制备

7.3.2 工程问题分析

(1) 问题描述

目前已经制备出铬含量10%左右的Fe-Cr合金复合材料,但无法实现铬含量的继续提高,且材料表面质量也有待进一步改善。

(2) 发明问题初始形势分析

① 系统工作原理:将NaCl、KCl、NaF和Cr_2O_3按一定的比例称量并混合均匀,在200℃干燥箱中保温12h去除结晶水,放入高纯石墨坩埚,再将坩埚放入加热炉内加热升温,同时通入氩气进行保护。升至800℃后以铬板作阳极,0.2%碳钢板作阴极,设置一定的参数进行熔盐电沉积实验制备复合材料。熔盐中Cr^{3+}在电极电压的作用下移动至阴极表面得到电子而被还原成Cr原子,Cr原子以低碳钢基体表面为附着点沉积到阴极表面,并在高温的作用下逐渐扩散到阴极基体内部,实现冶金结合,形成Fe-Cr合金复合材料。

② 存在主要问题:虽然已经制备出铬含量10%左右Fe-Cr合金复合材料,但是无法实现铬含量的继续提高,且表面质量较好的镀层的铬含量还要更低。

③ 限制条件:采用坩埚盛放熔盐,形成熔池,提供足够铬源保证电沉积数量;采用多功能电源,提供各种形式的电流,控制电流密度在200～300A/cm^2,使Cr^{3+}在电压的作用下向阴极移动,并获得电子,还原成Cr原子,附着沉积在基体表面;采用0.2%低碳钢作为基体。

④ 目前解决方案及类似产品的解决方案和存在问题:众多科研团队通过实验对电流波形、电流密度、电沉积时间、温度等影响因素进行了一定范围的尝试,所获得的结果均不一致。虽然个别条件下铬含量有所提高,但是镀层的表面质量会下降。

(3) 系统分析

① 功能分析(表7.7)。

表7.7 功能分析

制品	0.2%含碳量碳钢基Fe-Cr合金复合材料镀层
系统元件	熔盐体系（石墨坩埚、NaCl、KCl、NaF、Cr_2O_3）、 氩气保护系统（气瓶、压力表、气管、接头、透气砖）、 电沉积系统（电镀电源、接头、导线、导电连杆、试样连接）、 电阻加热炉（电源、接头、导线、控温器）
超系统元件	大气、总电源

构建的系统功能模型见图7.24。

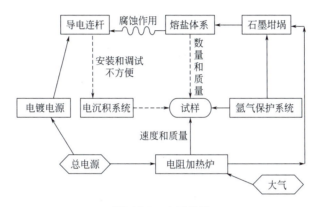

图7.24 功能分析

构建的系统鱼骨图见图7.25。

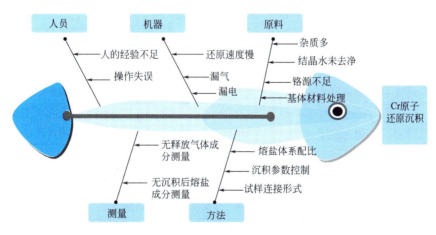

图7.25 鱼骨图

② 因果链分析。构建系统因果链，见图7.26。
③ 冲突区域确定。根据功能模型、鱼骨图和因果链分析，得到系统问题关键点如下：
问题关键点1：基体表面处理不当。
问题关键点2：电流密度、波形选择不当。
问题关键点3：沉积时间短。

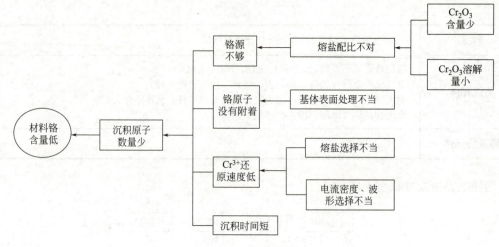

图7.26 因果链分析

7.3.3 TRIZ工具求解

（1）可用资源分析（表7.8）

表7.8 可用资源分析

项目	类别	资源名称	可用性分析（初步方案）
内部资源	物质资源	阴极片	重新制定阴极片处理方法，经过机械抛光和化学处理，改善表面活性，增强原子附着力
		NaCl、KCl、NaF、Cr_2O_3	增加铬源的溶解度
		阳极板	惰性阳极（石墨）排除氧，或者牺牲阳极（铬板）增加铬源含量
	场资源	氩气氛围	排除氧气，防止氧化反应发生
		连接导线	更换低碳钢导线为不锈钢导线，防止导线断裂
外部资源	物质资源	电镀电源	选择脉冲电流，正向电流促进沉积，反向电流溶解突出点，形成致密沉积层；增大占空比，保证正向作用比例
			增大电流密度
	场资源	时间	延长电沉积时间
		温度	提高工作温度，增加流动性
超系统资源	物质资源	熔盐预电解	利用电沉积系统对熔盐体系进行预电解，降低熔盐体系的杂质影响
	场资源	电能	—
		大气	

（2）问题求解

以问题关键点2——"电流密度、波形选择不当"为例解决问题。

① 技术冲突解决理论。

a. 冲突描述：为了提高熔盐电沉积系统的"Cr^{3+}还原速度"，需要加大电流密度，但这样做会导致系统的表面形貌质量降低。

b. 转换成TRIZ标准冲突，改善的参数为9速度，恶化的参数为12形状。

c. 查找冲突矩阵，得到对应的发明原理为：35、15、18、34。据此可得如下方案：

方案一：依据发明原理35改变物体的浓度或黏度，发明原理18使超声振动与电磁场耦合以及发明原理34立即修复一个物体中所损耗的部分，得到增加Cr_2O_3物质的量到10%以提高铬源浓度，提高温度到900℃以降低熔盐黏度。

方案二：依据发明原理15划分一个物体成具有相互关系的元件，元件之间可以改变相对位置，得到改变电流波形为正向加反向电流作用，提高占空比到9：1。

② 物理冲突解决理论。

a. 若把冲突描述为：为了"提高Cr^{3+}还原速度"，需要参数"电流密度"为"增加"，但又为了"提高表面质量"，需要参数"电流密度"为"减小"，即某个参数既要"增加"又要"减小"。

选用分离原理中的"条件分离"原理，得到解决方案三。

方案三：在基体与镀层结合处降低电流密度，保证镀层表面结合力；在结合处外层增加电流密度，提高铬还原速度，保证电沉积效率。

查找与"条件分离"原理对应的发明原理有"28、29、31、32、35、36、38、39"。根据选定的发明原理，得到解决方案四。

方案四：依据发明原理28，得到电沉积初期不加磁场或电磁场，降低沉积数量，保证镀层结合力；电沉积中后期，在电沉积系统（图7.27）外增加磁场或电磁场，提高铬源在阴极的聚集量，保证足够的铬源可以被还原。

b. 若把冲突描述为：为了"提高复合材料镀层铬含量"，需要参数"时间"为"延长"，但又为了"降低成本"，需要参数"时间"为"缩短"，即某个参数既要"延长"又要"缩短"。

选用分离原理中的"时间分离"原理，得到解决方案五。

方案五：在电沉积初期，减少低电流密度时间长度，保证材料结合力即可；在电沉积中后期，增加高电流密度时间长度，保证镀层材料厚度，提高沉积效率。

查找与"时间分离"原理对应的发明原理有"1、7、9、10、11、15、16、18、19、20、21、24、26、27、29、34、37"。根据选定的发明原理，得到解决方案六。

方案六：依据发明原理19，得到电沉积前期使用方波波形电流；中后期改变电流频率，在恒定的电流密度间增加定周期性方波电流波形，提高电沉积效率。

③ 效应。

确定问题要实现的功能为："增加+能量"。

查找效应知识库，得到可用的效应为"Magnetic Field"（磁场），即一种围绕着磁铁和电流的矢量场，通过它对移动电荷和磁性材料施加的力来检测当被置于磁场中时，磁偶极子趋向于使它们的轴平行于磁场。磁场也有自己的能量，其能量密度与磁场强度的平方成正比。故此得到方案七。

方案七：依据"磁场"效应，在电沉积设备外额外施加一个磁场，使磁场中运动的带电离子定向移动，如图7.28所示。

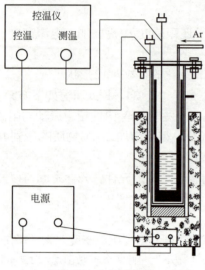

图7.27 电沉积系统

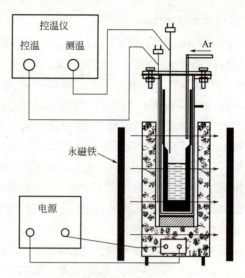

图7.28 方案七示意图

7.3.4 工程问题的解

部分可用技术方案及评价如表7.9所示。

表7.9 方案及评价

序号	方案	所用原理	可用性评估
1	阴极片经过机械抛光、碱液浸泡去除油脂、酸液浸泡改善表面活性，增强原子附着力	可用资源分析	可用
2	更换惰性阳极为牺牲阳极，用铬板代替石墨电极	可用资源分析	可用
3	改变低碳钢导线为不锈钢导线，防止导线断裂	可用资源分析	可用
4	利用电沉积系统对熔盐体系进行预电解，降低熔盐体系的杂质影响	可用资源分析	可用
5	增加Cr_2O_3的量到10%以提高铬源浓度；提高温度到900℃以降低熔盐黏度	技术冲突解决理论	可用
6	改变电流波形为"正向+反向"电流作用，提高占空比到9∶1	技术冲突解决理论	可用
7	在电沉积设备外额外施加一个磁场，使磁场中运动的带电离子定向移动	"磁场"效应	较好

最终确定方案为：在电沉积系统外部施加一个可控电磁场，提高带电粒子的定向移动。

第八章

TRIZ在建筑工程中的应用

8.1 提高摩擦耗能支撑阻尼特性

8.1.1 工程项目简介

框架中的摩擦耗能支撑装置（图8.1）的一般形式由支撑斜杆和耗能器构成。装置的"高性能"主要是指它能够为结构提供足够的初始抗侧移刚度和达到启动条件后的耗能能力。装置的初始抗侧移能力取决于耗能器输出的启动力，而耗能器的启动力与施加于钢板与橡胶片间的紧固力成正比，所以可通过调整紧固力来为结构提供足够的初始抗侧移刚度，当耗能器达到启动条件后有卓越的耗能能力。

摩擦支撑装置的阻尼特性是定值，不会随着地震作用的大小而调节阻尼器的阻尼值，所以要改善其阻尼特性。本项目是基于TRIZ理论解决提高摩擦耗能支撑阻尼特性，具体有：保证新系统在地震加速度小于0.15g情况下保持刚度；增大摩擦原件的阻尼特性，阻尼比由0.05提高到0.10；增加支撑结构的阻尼特性（图8.2）。

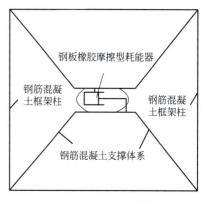

图8.1 摩擦耗能支撑装置

8.1.2 工程问题分析

（1）发明问题初始形势分析

① 系统工作原理：摩擦耗能系统的装置是利用钢板和复合橡胶间的摩擦来达到耗能

的目的，钢板和橡胶间的紧固力通过拧紧预埋于钢筋混凝土支撑中的螺栓来施加，顶紧钢板和橡胶片来控制。在未达到启动条件（大震）时，耗能器不启动，其作用相当于刚性拉杆，整个装置与普通支撑的效果基本相同；当达到启动条件后，耗能器开始启动；承压螺栓保证耗能支撑的启动力；钢板和橡胶片提供摩擦力，实现阻尼特性。具体工作原理如图8.3所示。

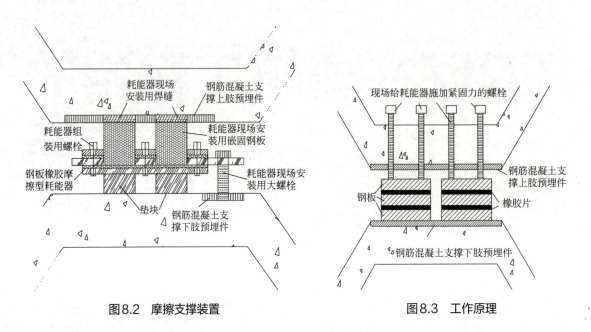

图8.2　摩擦支撑装置　　　　　　　　图8.3　工作原理

② 主要存在问题：摩擦支撑的阻尼特性是定值，不会随着地震作用的大小而调节阻尼器的阻尼值，所以要改善其阻尼特性；当地震作用给结构体系后，若达到启动装置力，钢片与橡胶之间的紧固力是定值，甚至有的时候会减小紧固力，影响了阻尼器的阻尼；对于单个耗能支撑结构所有的阻尼特性只由阻尼器本身提供，一旦阻尼器被剪切破坏，就丧失了应有的功能。

③ 当前方案存在的问题与不足：目前摩擦耗能支撑结构专利很多，但是对在阻尼特性随着地震作用不断变化提供相应阻尼的报道不是很多；另外专利报道的耗能体系包括很多种，但是确切的单一体系没有具体报道。

（2）系统分析

① 应用因果链分析法确定产生问题的原因，见图8.4。

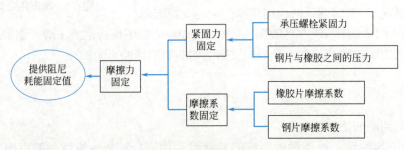

图8.4　因果链分析法

② 功能分析，见图8.5。

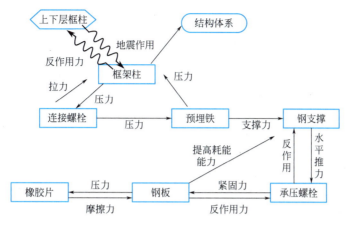

图8.5 功能分析

③ 资源分析，见表8.1。

表8.1 资源分析

项目	类别	资源名称	可用性分析（初步方案）
内部资源	物质资源	预埋件	支撑与结构连接作用
		阻尼器	摩擦与支撑作用
		结构支撑	支撑性状提供塑性铰
外部资源	物质资源	框架结构体系	结构整体刚度对系统的位移控制
	场资源	地震作用	提供反向保护机制

8.1.3　TRIZ工具求解

以"提高框架钢支撑的延性，实现摩擦支撑耗能系统随地震力变化的阻尼变化的特性"为入手点解决问题。运用冲突解决理论，转换成TRIZ标准冲突，改善参数为力，恶化参数为形状。对应的发明原理：10预操作、35参数变化、40复合材料、34抛弃与修复。相关方案如下：

方案一：依据发明原理"40复合材料"，改变阻尼器的结构，使用新型的软钢阻尼来实现结构阻尼特性的变化，既满足承载力的要求又满足阻尼特性。

方案二：依据发明原理"35参数变化"，通过改变承压板的压力值及调整承压板的摩擦系数，来改变摩擦力与延性之间的关系。

运用物质-场模型分析及76个标准解，物质-场模型如图8.6所示。

根据所建问题的物质-场模型，应用标准解解决流程，得出方案三：增加液压阻尼系统，提高结构体系的阻尼特性。改进之后的物质-场模型如图8.7所示。

也可得出方案四：改变支撑结构的横截面面积，使其在规定的刚度范围内出现塑性铰，提高结构的延性。

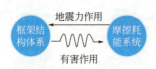
图8.6 物质-场模型

图8.7 改进之后的物质-场模型

8.1.4 工程问题的解

全部技术方案及评价见表8.2。

表8.2 方案及评价

序号	方案	所用原理	可用性评估
1	增加新的软钢阻尼器	技术冲突与发明原理	良好
2	提高压力，增大摩擦力	技术冲突与发明原理	一般
3	增加液压阻尼系统	物质-场模型分析及76个标准解	一般
4	改变支撑结构的横截面面积	物质-场模型分析及76个标准解	较好

最终确定方案：增加软钢阻尼器，通过软钢阻尼来实现对整个系统的主动抗震性能。

8.2 解决瓷砖铺贴不平整和空鼓问题

8.2.1 工程项目简介

瓷砖在家装中是必不可少的，客厅地板、厨房、卫生间、阳台等多处空间都要用到它。不少业主到验收时才发现，贴了瓷砖的地面凹凸不平甚至空鼓翘起，砖面或者接缝处平整度有明显的瑕疵，很多时候要撬砖重铺，见图8.8。本项目是基于TRIZ理论解决瓷砖铺贴不平整和空鼓问题，将瓷砖粘贴牢固，使施工过程简单易操作，技术参数得到很好的控制：缝隙平直度3mm，地砖的水平度误差不超过2mm，相邻瓷砖的高度差不超过1mm，地砖空鼓现象控制在3%以内（图8.9）。

图8.8 贴瓷砖地面的问题

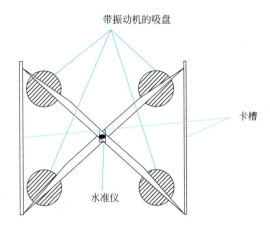

图8.9 基于TRIZ理论解决瓷砖铺贴不平整和空鼓问题

8.2.2 工程问题分析

（1）发明问题初始形势分析

分析流程为：基层处理（地面找平）→弹线（瓷砖定位、瓷砖排布）→铺贴（粘贴瓷砖、校正平整度）→勾缝（填充砖缝）→清理，见图8.10。

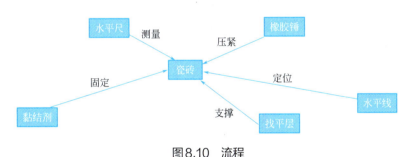

图8.10 流程

① 主要存在的问题：贴了瓷砖的地面凹凸不平、空鼓翘起，很多时候甚至要撬砖重铺；铺贴瓷砖施工烦琐，铺贴效果受工人的施工水平制约；空鼓也常发生在贴好干透的过程中，一般得贴好后第二天或者第三天才能检查发现；空鼓一般出现在瓷砖边缘、中间局部，甚至有些瓷砖2/3面积发生空鼓。

② 已有的解决方案：

a. 用橡胶锤压实瓷砖进行找平和压实。该方法不够精准，在敲击瓷砖的过程中很容易出现碎砖的情况，且瓷砖铺贴效果受工人施工技术水平的影响较大。

b. 贴砖3天后用空鼓检测锤边走动边逐块轻敲每块瓷砖的正中及四边，若敲击声是空鼓声，且空鼓达到瓷砖面积1/3，那这块砖需要重贴。这种检测方法效率低，而且需要在贴砖3天后才能检验，影响工期。

（2）系统分析

① 应用因果链分析法确定产生问题的原因，见图8.11。

② 功能分析，见图8.12。

③ 可用资源分析，见表8.3。

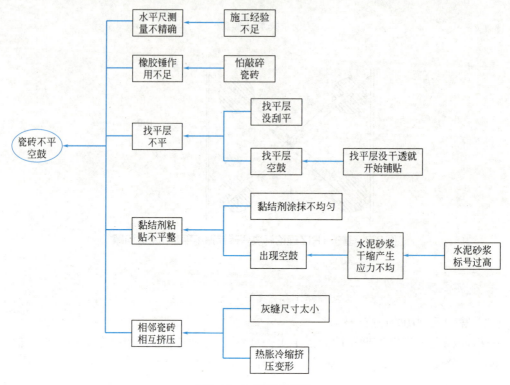

图8.11 因果链分析法

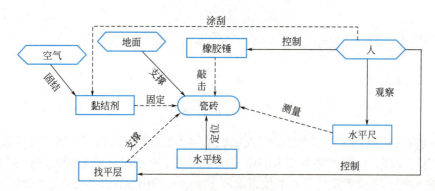

图8.12 功能分析

表8.3 可用资源分析

项目	资源名称	类别	可用性
系统内部资源	物质资源	橡胶锤	敲打更均匀
		黏结剂	增加连接性，减少变形，厚度更均匀
		找平层	干燥更快
	场资源	机械场	橡胶锤敲击瓷砖增加振动频率，使瓷砖和黏结剂的粘贴更密实
	时间资源	铺贴速度	提升瓷砖铺贴效率

8.2.3 TRIZ工具求解

① 以"橡胶锤作用不足"为入手点解决问题，运用冲突解决理论解决问题。

若将之作为技术冲突问题，可描述为：为了降低瓷砖系统的空鼓现象，需要提高重锤敲击，但这样做会导致敲击力度过大，瓷砖出现破损。转换成TRIZ标准冲突，改善的参数为稳定性，恶化的参数为应力或压强、作用于物体的有害因素。对应的发明原理，如表8.4所示。

表8.4 对应的发明原理

改善的参数	恶化的参数	对应的发明原理
稳定性	应力或压强	2分离；35参数变化；40复合材料
	作用于物体的有害因素	35参数变化；24中介物；30柔性壳体或薄膜；18振动

据此，可得如下方案：

方案一：依据参数变化原理，增加橡胶锤与瓷砖的接触面积；橡胶锤的表面做成弹性点状；在瓷砖的下面做柔性垫层。

方案二：依据中介物原理和柔性壳体或薄膜原理，在瓷砖的上表面做临时柔性保护层，比如铺橡胶垫板或毛毡。

方案三：依据振动原理，将橡胶锤改为振动式。

若将之视为物理冲突问题，可描述为：为了"整平瓷砖"，需要参数"重锤敲击力度"为"大"，但又为了"避免瓷砖破裂"，需要参数"重锤敲击力度"为"小"，即重锤力度既要"大"又要"小"。

考虑到该参数"重锤力度"在不同的"空间"上、"系统层次"上具有不同的特性，因此该冲突可以从"空间""整体与部分"上进行分离。采用整体与部分的分离原理，查找与该分离原理对应的发明原理有"6多用性、13反向"。根据选定的发明原理，得到如下解决方案。

方案四：依据多用性原理，给橡胶锤增加吸盘和振动装置，可以吸附瓷砖便于铺贴，并通过振动器将瓷砖与下面的水泥砂浆压实。

方案五：依据反向原理，在瓷砖底面的局部增设磁铁，把橡胶锤表面增加磁力板，通过磁力作用，将瓷砖整平。

也可利用裁剪工具解决问题。针对功能模型中的有害作用、不足作用及过剩作用等小问题，应用裁剪规则裁掉橡胶锤，主动元件由其他元件代替，见图8.13。

得到解决方案如下：

方案六：将橡胶锤改为贴瓷砖机，通过吸盘拾取瓷砖；向瓷砖上加水泥砂浆，通过四周卡槽控制砂浆厚度和瓷砖间隙；顶部有振动电机，通过振动将瓷砖紧密地贴在找平层上，见图8.14。

② 若以"黏结层厚度不均匀，热胀冷缩，粘贴瓷砖容易出现空鼓"为入手点解决问题，运用物质–场模型分析及76个标准解。物质–场模型如图8.15所示。

根据所建问题的物质–场模型，应用标准解解决流程，得到以下方案。

方案七：运用标准解1.1.3，用工具在铺好的水泥砂浆灰饼中刮出均匀的纹理或空隙，一方面保证灰饼厚度均匀，另一方面这些纹理和空隙可以提升黏结力，如图8.16所示。

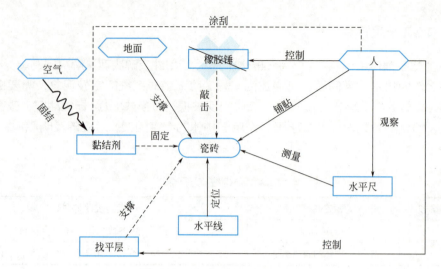

图8.13 利用裁剪工具解决问题

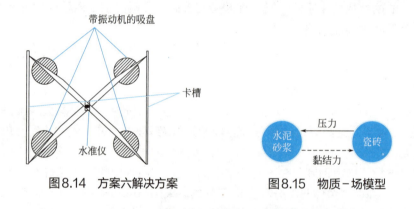

图8.14 方案六解决方案　　　图8.15 物质-场模型

图8.16 均匀的纹理或空隙

方案八：运用标准解2.4.5，在瓷砖的背面及水泥砂浆中掺入铁磁材料，在磁力作用下，瓷砖和水泥砂浆可以更紧密地粘合。

方案九：运用标准解5.1.1，在瓷砖灰缝中设置卡扣，卡扣底部嵌入砂浆中，另一端在瓷砖上表面锁紧,这样能防止瓷砖空鼓翘起,也可以进行瓷砖找平,待砂浆干透后,再将卡扣露在表面的部分折断,如图8.17所示。

若运用裁剪工具解决问题,针对功能模型中的有害作用、不足作用及过剩作用等小问题,应用裁剪规则裁掉黏结剂,使原来元件实现的功能由受作用的元件自己来实现,见图8.18。

得到解决方案如下:

方案十:不用水泥砂浆,在瓷砖背面加背胶,直接粘贴在找平层。

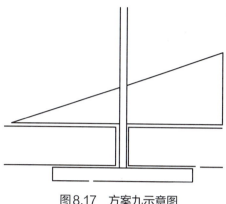

图8.17 方案九示意图

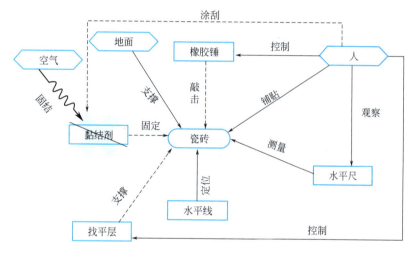

图8.18 利用裁剪规则解决问题

③ 以"找平层没干透,热胀冷缩变形"为入手点解决问题,利用物质−场模型分析及76个标准解解决问题。物质−场模型如图8.19所示:

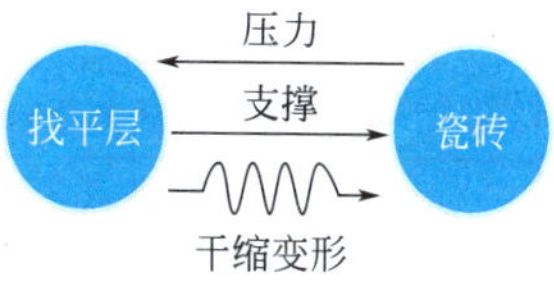

根据所建问题的物质−场模型,应用标准解解决流程得到方案如下:

图8.19 物质−场模型

方案十一:使用标准解1.2.1,在瓷砖和找平层间增加龙骨,将瓷砖直接固定在龙骨上,在踢脚线留通风口,便于找平层凝固硬结过程中产生的热量释放。

方案十二:应用标准解1.2.2,找平层设置分格缝,这样将找平层变形集中于此。

方案十三:应用标准解1.2.3,在找平层材料中掺加减水剂,减少水的用量,可以减少多余水分蒸发引起的体积收缩。

方案十四:应用标准解3.1.1,找平层薄批多遍,每次抹灰厚度控制在4～8mm左右,等表干后再进行第二次抹灰,避免单次抹灰厚度超标导致的开裂及空鼓问题。

④ 以"瓷砖缝隙不好控制"为入手点解决问题,运用冲突解决理论解决问题。

冲突描述:为了减少瓷砖间的"热胀冷缩相互挤压",需要增加砖缝尺寸,但这样做会导致系统的不易清洁。

转换成TRIZ标准冲突，改善的参数为作用于物体的有害因素，恶化的参数为可操作性。得到对应的发明原理为：2、25、28、39。

a. 依据自服务原理，得到如下方案：

方案十五：将瓷砖的侧边增加一个弹性或软质的凸缘，尺寸为2mm，以此来精确限定瓷砖间距。

方案十六：铺贴瓷砖时，用一根直径2mm的钢丝作为卡尺，限定瓷砖间距。

方案十七：设计一款卡扣，卡扣的底端放在瓷砖的下表面，中间部分为带丝扣细杆，用于控制砖缝；固定好瓷砖后，在细杆上面拧上一个瓶盖，用于将两侧的瓷砖调整到同一标高。

b. 依据机械系统的替代原理，得到方案十八：将瓷砖的侧边嵌入同极的两块磁片，通过磁力的相互作用控制砖缝。

8.2.4 工程问题的解

全部技术方案及评价见表8.5。

表8.5 方案及评价

序号	方案	所用原理	可用性评估
1	1.增加橡胶锤与瓷砖的接触面积；2.橡胶锤的表面做成点状；3.在瓷砖的下面做柔性垫层	发明原理35参数变化	制作简单，成本增加不多，可采用
2	在瓷砖的上表面做临时柔性保护层，比如铺橡胶垫板或毛毡	发明原理24中介物及30柔性壳体或薄膜	制作简单，成本增加不多，可试用
3	将橡胶锤改为振动式	发明原理18振动	会增加制作成本和制作时间，可试用
4	在橡胶锤上增加吸盘和振动装置，可以吸附瓷砖便于铺贴，并通过振动器将瓷砖与下面的水泥砂浆压实	发明原理6多用性	与其他方案共同使用效果较好
5	在瓷砖底面的局部增设磁铁，在橡胶锤表面增加磁力板，通过磁力作用，将瓷砖整平	发明原理13反向	会增加制作成本和制作时间，不采用
6	橡胶锤改为贴瓷砖机，通过吸盘拾取瓷砖；向瓷砖上加水泥砂浆，通过四周卡槽控制砂浆厚度；顶部有振动电机，通过振动将瓷砖紧密地贴在找平层上	裁剪	可用
7	用工具在铺好的水泥砂浆灰饼中刮出均匀的纹理或空隙，一方面保证灰饼厚度均匀，另一方面这些纹理和空隙可以提升粘接力	标准解1.1.3	制作简单，成本增加不多，可用
8	在瓷砖的背面及水泥砂浆中掺入铁磁材料，在磁力作用下，瓷砖和水泥砂浆可以更紧密地粘合	标准解2.4.5	砂浆中掺入铁磁材料后和找平层的黏结力是否会受到影响不明确，铁磁颗粒是否会均匀分布不确定，不采用

续表

序号	方案	所用原理	可用性评估
9	在瓷砖灰缝中设置卡扣，卡扣底部嵌入砂浆中，另一端在瓷砖上表面锁紧，这样能防止瓷砖空鼓翘起，待砂浆干透后，再将卡扣露在表面的部分折断	标准解5.1.1	与其他方案共同使用效果较好
10	瓷砖背面加背胶，直接粘贴在找平层	裁剪	背胶材料不明确，需要经过化学实验，不采用
11	在瓷砖和找平层间增加龙骨，将瓷砖直接固定在龙骨上	标准解1.2.1	工序增加，不采用
12	找平层设置分格缝，这样将找平层变形集中于此	标准解1.2.2	与其他方案共同使用较好
13	在找平层材料中掺加减水剂，减少水的用量，可以减少多余水分蒸发引起的体积收缩	标准解1.2.3	与其他方案共同使用较好
14	找平层薄批多遍，每次抹灰厚度控制在4～8mm以内，等表干后再进行第二次抹灰，避免单次抹灰厚度超标导致的开裂及空鼓问题	标准解3.1.1	与其他方案共同使用较好
15	在瓷砖的侧边增加一个弹性或软质的凸缘，尺寸为2mm，以此来精确限定瓷砖间距	发明原理25自服务	不能循环利用，不采用
16	铺贴瓷砖时，用一根直径2mm的钢丝作为卡尺，限定瓷砖间距	发明原理25自服务	对系统本身没有改造，不采用
17	设计一款塑料卡扣，卡扣的底端放在瓷砖的下表面；中间部分为带丝扣细杆，用于控制砖缝。固定好瓷砖后，在细杆上面拧上一个瓶盖，用于将两侧的瓷砖调整到同一标高	发明原理25自服务	可采用
18	在瓷砖的侧边嵌入同极的两块磁片，通过磁力的相互作用控制砖缝	发明原理28机械系统的替代	不易控制，不采用

最终确定方案为：

① 橡胶锤改为贴瓷砖机，通过吸盘拾取瓷砖，方便快捷，避免地砖与工人手部直接接触产生损伤；通过四周卡槽控制砂浆厚度和砖缝间距；用振动机的工作原理，使得地砖一次性铺设平整，避免反复搬运地砖、人工找平和用橡皮锤敲打，由于无需橡皮锤敲打，基本不会出现地板砖破损现象，提高工作效率以及黏灰紧实度，大大降低工人劳动强度；顶部有精准水平仪，可以检验平衡度。

② 找平层设置分格缝，这样将找平层变形集中于此。在找平层材料中掺加减水剂，减少水的用量，可以减少多余水分蒸发引起的体积收缩。找平层薄批多遍，每次抹灰厚度控制在4～8mm以内，等表干后再进行第二次抹灰，避免因单次抹灰厚度超标导致的开裂及空鼓问题。

③ 设计一款卡扣，卡扣的底端放在瓷砖的下表面，中间部分为带丝扣细杆，用于控制砖缝。固定好瓷砖后，在细杆上面拧上一个瓶盖，用于将两侧的瓷砖调整到同一标高。

8.3 新型地埋式水平垃圾压缩站

8.3.1 工程项目简介

随着城市人口的不断增加，城市生活垃圾也越来越多。目前生活垃圾处理方法多采用填埋法，垃圾填埋需把垃圾运输至远离市区的填埋场进行处理。在运输时，如果垃圾不经过压缩处理，每次运输的数量有限，将会增加运输成本。因此在垃圾运输之前对垃圾进行初步的压缩处理，能使垃圾车每次运走更多垃圾从而节约成本，同时也能让垃圾站存放更多垃圾，避免垃圾堆满溢出造成环境污染。

针对垃圾压缩站内的污水废气泄露造成环境二次污染的问题，本项目根据TRIZ理论，解决污水与废气的泄漏问题。新型地埋式水平垃圾压缩站通过采用液压结构推动箱体内的推板，使得推板能够恰好密封住进料口；同时，新型地埋式水平压缩站的压缩箱，地板采用少数通孔式结构，在推板挤压垃圾的过程中，垃圾中的废水通过通孔流到下面的排污口，有效解决了垃圾中所夹带的污水。新型地埋式水平垃圾压缩站，垃圾压缩箱体埋入地下，有效地减少了垃圾箱在地面的占用空间；当垃圾运输车到来时，通过液压杆的升降功能将垃圾压缩箱升到地面，将垃圾推到车上。该应用预计可为环保类企业创造近万元的效益，而且具有较好的环保效益。

8.3.2 工程问题分析

（1）问题描述

垃圾压缩站内的污水废气泄漏二次污染环境。

（2）发明问题初始形势分析

① 技术系统实现的功能：生活垃圾由入料口进入垃圾压缩箱，当垃圾箱内装满时，电机运行带动液压泵，液压泵驱动挤压液压缸，由安装在液压缸上的挤压板将垃圾进行挤压，挤压完成后举升液压缸将压缩箱升起。在运输车停靠完成后，打开压缩箱出料口，挤压液压缸继续运行，将垃圾装入运输车，见图8.20。

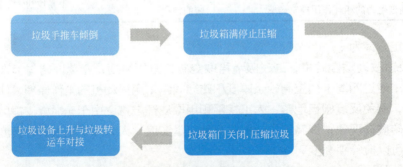

图8.20 垃圾压缩及转运过程

② 当前技术系统存在的问题：垃圾压缩站内的污水废气二次污染环境。

③ 限制条件：重量、升降结构稳定性、倾倒方便程度。

④ 问题或类似问题的现有解决方案及缺点：当垃圾在压缩站处理完毕后，需要人工处理垃圾产生的污水，见图8.21。

图8.21 垃圾站人工污水清理

⑤ 类似产品的解决方案：在许多一线城市，往往采用大型综合处理垃圾站和"1+1"运营模式。存在问题为：采用大型综合处理垃圾站占地面积较大，需要的人员较多，且为了不影响人们生活多建设在城市边缘。这样不适用于人们日常生活中产生垃圾的处理，不利于大面积普遍。

（3）系统分析

① 功能分析（表8.6）。

表8.6 功能分析

制品	垃圾
系统元件	变压器、电动机、电路、液压泵、液压缸、压缩箱等
超系统元件	人、电

建立已有系统的功能模型，如图8.22所示。

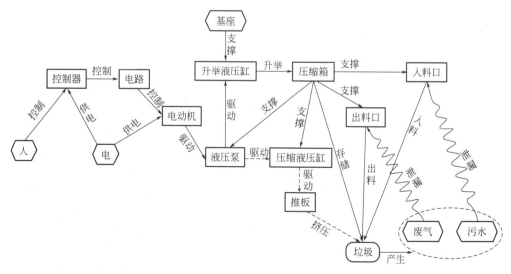

图8.22 系统的功能模型图

② 因果链分析：应用因果链分析法确定废气、废水外泄问题的原因，如图8.23所示。

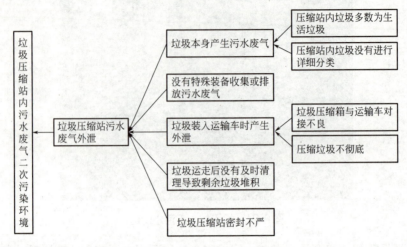

图8.23 系统的因果链分析图

③ 冲突区域确定。

问题关键点1：无污水废气收集装置。

问题关键点2：运输车与压缩箱出料口对接密封不严，产生污水废气泄漏。

④ 理想解分析。

a. 设计的最终目的是什么？垃圾压缩站内污水废气不会二次污染环境。

b. 理想解是什么？垃圾干燥且无气味。

c. 达到理想解的障碍是什么？没有办法控制垃圾干燥且无气味。

d. 出现这种障碍的结果是什么？垃圾压缩站污水废气外泄二次污染环境。

e. 不出现这种障碍的条件是什么？创造这些条件存在的可用资源是什么？可以在垃圾倒入压缩箱时喷涂某种结膜剂，在其表面形成保护膜，封锁垃圾自身产生的污水及气味。

⑤ 资源分析，如表8.7所示。

表8.7 资源分析

项目	类别	资源名称	可用性分析
内部资源	物质资源	液压泵	驱动液压缸
		油箱	存储液压油
		液压缸	压缩垃圾、举升压缩箱、开合压缩箱箱门
		压缩箱	存储垃圾、压缩垃圾
	场资源	机械能	推板挤压垃圾
外部资源	物质资源	电源	控制系统、驱动电机
	场资源	机械能	用吸尘器先吸走铁屑，再进行分离
超系统资源	物质资源	人	预判废气污水泄漏

8.3.3 TRIZ工具求解

（1）冲突解决理论

① 技术冲突。

a. 以"没有废水废气收集装置"为入手点解决问题。

冲突描述：为使污水废气泄漏之前将其收集起来，可加装一个污水废气收集装置，但是这样做会使压缩站整体变得复杂。

b. 转换为TRIZ标准冲突，如表8.8所示。

表8.8 转换后的TRIZ标准冲突

改善的参数	恶化的参数	对应的发明原理
30作用于物体的有害因素	36系统的复杂性	19、1、31

获得方案一：根据分割原理，将收集装置分隔开，污水收集装置安装在压缩箱下面收集向下流的废水，废水收集装置安装在压缩箱上面用于收集废气。

c. 以"垃圾装入运输车时，污水废气会泄漏"为入手点解决问题。

冲突描述：为使污水废气泄漏之前将其收集起来，可加装一个污水废气收集装置，但是这样做会使压缩站整体变得复杂。转换成为TRIZ标准冲突，如表8.9所示。

表8.9 转换后的TRIZ标准冲突

改善的参数	恶化的参数	对应的发明原理
27可靠性	33可操作性	27、7、40

获得方案二：根据发明原理27，在运输车与垃圾压缩箱出料口对接中间加入低成本的大型垃圾袋，使垃圾先进入垃圾袋后再进入垃圾车，可以保证在装车时不会泄漏，在装车完毕后再进行封袋处理，使垃圾在运输途中也不会产生污水废气泄漏。

② 物理冲突。

冲突描述：为了"让垃圾压缩得更彻底"但又不能超过压缩箱强度，需要参数"挤压力"既要"大"又要"小"。依据"空间分离原理"，得到发明原理2分离。

获得方案三：将垃圾压缩箱分成两部分，即结构强度大、体积较小的压缩部分和结构强度较小、体积大的存储部分，从而在压缩部分将垃圾挤压彻底，将废水排干并收集，然后再装入存储箱内，从而解决废水泄漏问题。

（2）最终理想解

针对问题关键点2"运输车与压缩箱出料口对接密封不严，产生污水废气泄漏"，利用最终理想解对问题求解。获得方案四：可以在垃圾倒入压缩箱时喷涂某种结膜剂，在其表面形成保护膜，封锁垃圾自身产生的污水及气味。

（3）物质-场模型分析及76个标准解

建立问题的物质-场模型，如图8.24所示。根据所建问题的物质-场模型，应用标准解解决流程，得到方案为：

方案五：依据串联物质-场模型标准解，通过风道将风引入垃圾污水泄漏处，将泄漏的污水中的水分通过机械场转化为无污染的水蒸气，污水中残余的污物存储在存储器中，如图8.25所示。

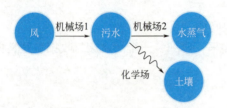

图8.24 问题的物质-场模型

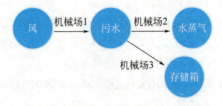

图8.25 问题改进后的物质-场模型

8.3.4 工程问题的解

根据TRIZ理论对以上方案进行可用性评价，见表8.10。

表8.10 方案及评价

序号	方案	所用原理	可用性评估
1	分别加装污水废气收集装置，污水收集装置安装在压缩箱下面收集向下流的废水，废水收集装置安装在压缩箱上面用于收集废气	技术冲突、发明原理1	可用
2	在运输车与垃圾压缩箱出料口对接中间处加入低成本的大型垃圾袋，让垃圾先进入垃圾袋后再进入垃圾车，可以保证在装车时不会泄露，在装车完毕后再进行封袋处理，使垃圾在运输途中也不会产生污水废气泄漏	技术冲突、发明原理27	可用
3	将垃圾压缩箱分成两部分，即结构强度大体积较小的压缩部分和结构强度较小体积大的存储部分，从而在压缩部分将垃圾挤压彻底。将废水排干并收集，然后再装入存储箱内，从而解决废水泄漏问题	物理冲突、空间分离原理	可用
4	可以在垃圾倒入压缩箱时喷涂某种结膜剂，在其表面形成保护膜，封锁垃圾自身产生的污水及气味	理想解	可用
5	利用空气流动使污水中的水分蒸发，残余污物存储在存储器中	物质-场模型分析	可用

最终方案为：采用新型地埋式水平垃圾压缩站。其通过采用液压结构推动箱体内的推板，使得推板能够恰好密封住进料口；其压缩箱地板采用少数通孔式结构，在推板挤压垃圾的过程中，垃圾中的废水通过通风管道蒸发部分水分后经通孔流到下面的排污口，有效解决了垃圾中所夹带的污水；其垃圾压缩箱体埋入地下，有效地减少了垃圾箱在地面的占用空间，通过液压杆的升降功能将垃圾压缩箱升到地面，当垃圾运输车到来时，将垃圾推到车上。新型地埋式水平垃圾压缩站主视图及三维模型如图8.26、图8.27所示。

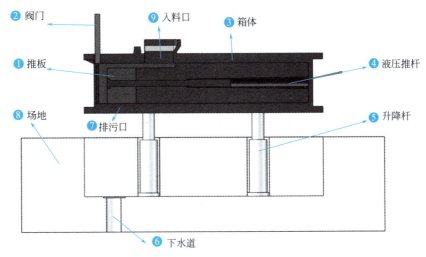

图 8.26 新型地埋式水平垃圾压缩站（主视图）

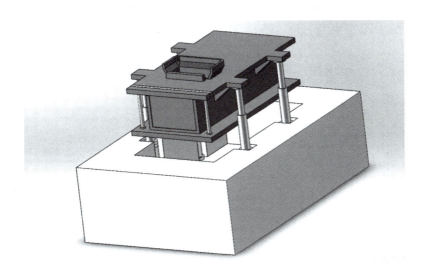

图 8.27 新型地埋式水平垃圾压缩站（三维模型）

8.4 一种填料吸收塔装置

8.4.1 工程项目简介

提高烟气净化设备的现有技术中，一般采用填料吸收塔来去除废气中的一些有害物质，然而单独的吸收法的喷淋液随着运行时间的延长，喷淋的吸收液易饱和、失去吸收能力，造成对有机废气去除效率不高、难以达到严格的排放标准。本装置提供一种填料吸收塔，通过多种 TRIZ 工具对其进行改善，使有机废气去除效率高，达到严格的排放标准。

燃煤锅炉、钢厂烧结机、水泥窑等设备在使用时会产生烟气，烟气中含有的粉尘、SO_2、NO_x 等有害物质排入空气造成酸雨、光化学烟雾等多种污染，严重破坏生态环境，影响人类身心健康。随着大气污染物排放标准的日趋严格，尤其是最新的 $PM_{2.5}$ 标准的实施，提高烟气净化设备的除尘脱硫脱硝效果是很有必要的。

8.4.2 工程问题分析

(1) 问题描述

现有烟气净化一般采用填料吸收塔来去除废气中的一些有害物质，然而单独的吸收法的喷淋液随着运行时间的延长，喷淋的吸收液易饱和、失去吸收能力，造成对有机废气去除效率不高，难以达到严格的排放标准。

（2）发明问题初始形势分析

① 系统的工作原理：使用一定量的吸收剂喷淋进入吸收塔中，吸收烟气中的有害气体。

② 存在的问题：对废气去除效率不高，难以达到严格的排放标准。

③ 限制条件：随着运行时间的延长，喷淋的吸收液易饱和，失去吸收能力。

④ 目前已有产品：板式填料塔，如图8.28所示。

（3）系统分析

① 功能分析：建立了已有系统的功能模型，如图8.29所示。

② 问题分析：通过因果链分析找到问题的根本原因，见图8.30。

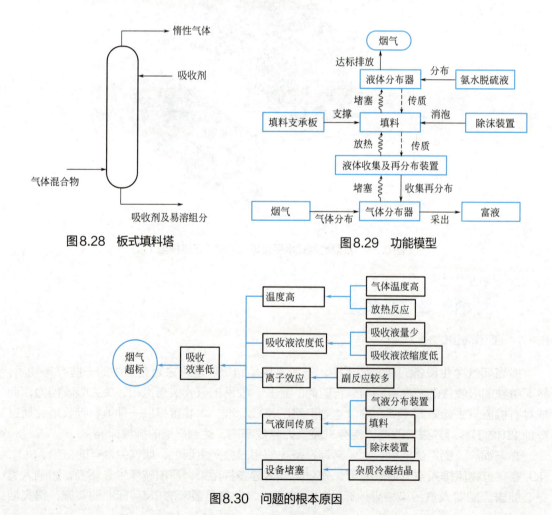

图8.28 板式填料塔　　图8.29 功能模型

图8.30 问题的根本原因

8.4.3 TRIZ工具求解

① 问题分析：问题关键点为吸收液浓度降低；传质效果差。
② 理想解分析：最终理想解为吸收尾气达标排放。
③ 可利用资源分析：系统内部资源分析见表8.11，系统外部资源分析见表8.12。

表8.11 系统内部资源分析

类别	资源名称	可用性分析（初步方案）
物质资源	烟气	强可用，化学吸收降低废气含量
	吸收液	强可用，作为吸收液吸收
场资源	化学	强可用，化学反应促进吸收
	热	弱可用，吸收为放热过程

表8.12 系统外部资源分析

类别	资源名称	可用性分析（初步方案）
物质资源	吸收塔	弱可用，塔设备可进行改造
	填料	强可用，改善传质传热效果
场资源	动力	强可用，为进料提供动力

④ 应用冲突解决理论。

a. 将问题视为技术冲突问题。

冲突描述：为了提高系统的吸收效率，需要增加反应进度，但这样做会导致系统的温度升高。转换成TRIZ标准冲突，改善的参数为26物质的量；恶化的参数为17温度。查找冲突矩阵，得到如下发明原理：3局部质量；17维数变化；39惰性环境。

依据发明原理17（维数变化）得到方案如下：将塔内填料用多层排列代替单层排列，将填料层分段，填料层下面为支撑板，上面为填料压板及液体分布装置，分割的多层塔板上保证其横截面积上的吸收速率达到最大，见图8.31。

b. 将问题视为物理冲突问题。

冲突描述：为了"提高吸收效率"，需要参数"温度"为"低"，但又为了"增加反应进度"，需要参数"温度"为"高"，即某个参数既要"低"又要"高"。

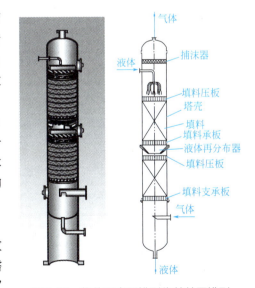

图8.31 物体用多层排列代替单层排列

选用分离原理当中的"基于条件的分离"原理，得到解决方案。查找与该分离原理对应的发明原理有"31多孔材料"。根据选定的发明原理，得到解决方案如下：塔内传质填料选用通量大、阻力小、不易挂料堵塞的垂直网多孔材料，可避免堵塞、偏流、接触不良，促进传质传热过程进行。

8.4.4 工程问题的解

全部技术方案及评价见表8.13。

表8.13 方案及评价

序号	方案	所用原理	可用性评估
1	采用分段多层填料	技术冲突、发明原理17维数变化	强可用，已有设备可以进行应用
2	填料选用通量大、阻力小、不易堵塞的垂直网多孔材料	物理冲突、发明原理31多孔材料	强可用，对现有填料进行技术评价

最终确定方案为：采用分段填料塔（图8.32），分层选用不同材质填料。该方法废气去除效率高，可达到严格的排放标准。

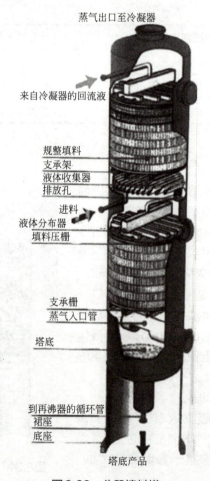

图8.32 分段填料塔

第九章

TRIZ在车辆工程中的应用

9.1 改进电动汽车动力电池运营模式

9.1.1 工程项目简介

传统车电一体运营模式导致车主使用电动汽车过程中存在着充电难、充电慢的问题，使得电动汽车普及程度低。

针对电动汽车动力电池充电运营模式导致的充电慢和充电难问题，本项目根据TRIZ理论，改进电动汽车动力电池运营模式，主要参与方包括共享电池闭环运营平台、主机厂、动力电池厂家、众筹式换电站、电动汽车车主，解决了电动汽车车主用车中出现的充电慢、充电难的问题，取得了良好的效果，因此具有十分重要的应用价值。

9.1.2 工程问题分析

（1）问题描述

问题所在技术系统为电动汽车动力电池车电一体运营模式。该技术系统的功能为充电动力电池。实现该功能的约束有：车电一体，型号一致。

（2）发明问题初始形势分析

① 现有技术系统的工作原理。车电一体运营模式包括"车主＋电动汽车＋停车场"或"小区＋充电桩"，使用充电桩进行充电，如图9.1所示。

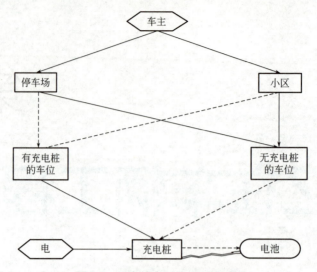

图9.1 现有技术系统的工作原理

② 当前技术系统存在的问题：充电难、充电慢。

③ 问题或类似问题的现有解决方案及其缺点：现有解决方案为单一品牌的换电模式，缺点为换电站建设投入资金巨大，只能互换单一品牌车型动力电池。

（3）系统分析

① 功能分析：建立已有系统的功能模型，如图9.1所示。

② 因果链分析：应用因果链分析法确定产生问题的原因，见图9.2。

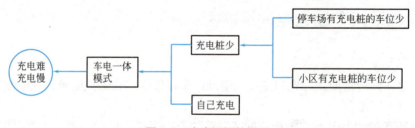

图9.2 产生问题的原因

③ 冲突区域确定。

问题关键点1：元件充电桩与元件电池组成的冲突区域，涉及的根本原因是充电桩少。

问题关键点2：元件车位与元件充电桩组成的冲突区域，涉及的根本原因是有充电桩的车位少。

问题关键点3：元件停车场与元件有充电桩的车位组成的冲突区域，涉及的根本原因是有充电桩的车位少。

问题关键点4：元件小区与元件有充电桩的车位组成的冲突区域，涉及的根本原因是有充电桩的车位少。

④ 理想解分析。

最终理想解：全品牌电动车不用充电，电池短时间内满电。

次理想解：充电桩到处都有；充电快速，但不降低电池的寿命。

a. 设计的最终目的是什么？共享电动汽车动力电池。

b. 理想解是什么？针对全品牌电动车型的换电模式。

c. 达到理想解的障碍是什么？车电一体，型号不一，无法互换。

d. 出现这种障碍的结果是什么？无法实现针对全品牌电动车型的换电。

e. 不出现这种障碍的条件是什么？创造这些条件存在的可用资源是什么？原装电池不换，共享加装的动力电池。可用资源是电动汽车后备箱。

依据理想解分析得到方案为：给电动汽车加装动力电池，实现其共享。

⑤ 可用资源分析（表9.1）。

表9.1 可用资源分析

项目	资源名称	类别	可用性
系统内部资源	电动汽车后备箱	空间资源	可用
系统外部资源	停车场	物质资源	可用
	加油站	物质资源	可用

9.1.3 TRIZ工具求解

（1）以"车电一体模式"为入手点解决问题，使用物质-场模型分析及76个标准解

① 建立问题的物质-场模型，如图9.3所示；

② 根据所建问题的物质-场模型，应用标准解解决流程，得到问题的解决方案：加装可方便拆卸的共享动力电池。改进之后的物质-场模型如图9.4所示：

图9.3 物质-场模型　　　　图9.4 改进之后的物质-场模型

（2）以"充电桩数量少"为入手点解决问题，使用冲突解决理论

① 根据技术冲突解决问题。

a. 冲突描述：为了提高系统的"充电便捷能力"，需要增加充电桩的数量，但这样做了会导致系统变得复杂。

b. 转换成TRIZ标准冲突，改善的参数为速度，恶化的参数为系统的复杂性。

c. 查找冲突矩阵，得到如下发明原理：10、28、4、34。可得方案有：

方案一：依据不对称原理，得到充电桩的数量密度根据电动汽车的密度来设计建设。

方案二：依据预操作原理，得到找充电桩前先预约。

② 根据物理冲突解决问题。

a. 冲突描述：为了"充电便捷"，需要参数"充电桩数量"为"正"，但又为了"成本降低与系统简单"，需要参数"充电桩数量"为"负"，即某个参数既要"多"又要"少"。

b. 考虑到该参数"充电桩的需求数量"在不同的空间上、时间段具有不同的特性，因此

该冲突可以从"空间、时间"上进行分离。

c. 选用分离原理当中的"空间分离、时间分离"原理，得到解决方案。

查找与该分离原理对应的发明原理有"4、10"，根据选定的发明原理，得到解决方案，具体见前文。

（3）使用裁剪解决问题

针对功能模型中的不足作用，应用4条裁剪规则直接裁剪（图9.5、图9.6）。

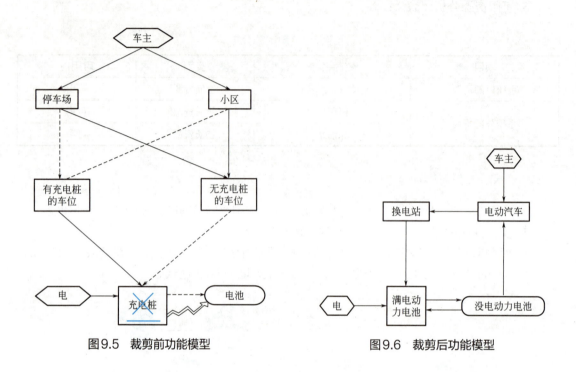

图9.5　裁剪前功能模型　　　　　　　图9.6　裁剪后功能模型

按照功能裁剪过程，得到解决方案为：用户自己不充电，采用共享动力电池的换电解决方案。

9.1.4　工程问题的解

全部技术方案及评价见表9.2。

表9.2　方案及评价

序号	方案	所用创新原理	可用性评估
1	加装可方便拆卸的共享动力电池	标准解	可用
2	充电桩的数量密度根据电动汽车的密度来设计建设	发明原理（不对称）	可用
3	找充电桩前先预约	发明原理（预操作）	可用

最终确定方案为：共享电动汽车动力电池，见图9.7。

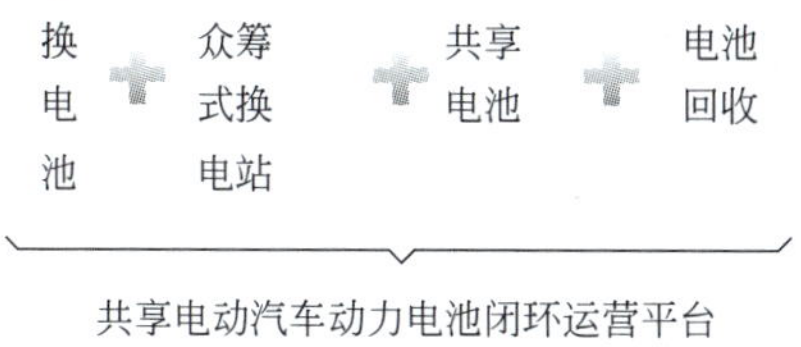

图9.7 共享电动汽车动力电池

9.2 全地形金属车轮

9.2.1 工程项目简介

山地、沙滩、矿井、深空探测等领域,环境恶劣,路况复杂,车辆常作为重要的交通和探测工具,而车轮作为车辆和路面直接接触的载体,对各项任务的完成具有重要影响。普通车轮在坚硬路面上可以很好地行驶,但在松软路面上行驶时,很容易陷进去,发生打滑,增大行驶阻力和能源消耗,甚至直接导致车辆停止工作。尤其是橡胶轮胎,容易发生爆胎,防滑效果差,且不能承受高温和高辐射等极端环境,这就导致其无法在矿井和深空探测领域应用。因此需要设计一种新型的可适应多种地形的防爆车轮。

基于TRIZ理论,我们设计了一种全地形金属车轮。该车轮由轮辋、轮辐和轮刺等部分组成,它解决了传统车轮地形适应性差的缺点,且具有防爆功能,能够满足特殊路况下的使用要求,见图9.8。

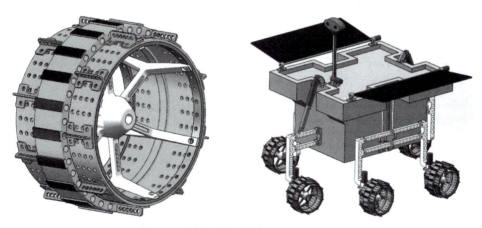

图9.8 全地形金属车轮及其车辆结构图

9.2.2 工程问题分析

(1)问题描述

山地、沙滩、矿井、深空探测等领域,环境恶劣,路况复杂,车轮作为车辆和路面直接接触的载体,对各项任务的完成具有重要影响。但目前已有的普通车轮存在以下三个问题:

①地形适应性差。普通车轮在坚硬路面上可以很好地行驶,但在松软路面上行驶时,很容易陷进去,发生打滑,增大行驶阻力和能源消耗,甚至直接导致车辆停止工作。

②防爆水平低。传统的橡胶车轮容易发生爆胎,防滑效果差,且不能承受高温和高辐射等极端环境,这就导致其无法在矿井和深空探测领域应用。

③车轮结构不够优化。普通车轮为了满足使用要求和提高安全系数，常常使用过多的材料来制造，这样不仅导致车轮结构笨重，而且造成资源浪费，不符合低碳制造、绿色制造要求。

（2）发明问题初始形势分析

① 现有系统工作原理：传统的车轮（图9.9）以橡胶轮胎为主，由内胎、外胎和轮辋等部分组成。内胎由柔软的橡胶制成，外胎由弹性橡胶制成，轮辋常用金属制成。使用时，内胎置于外胎内部，并充入压缩空气使其胀满，起到支撑外胎的作用。外胎安装在金属轮辋上，能支承车身，缓冲外界冲击，实现与路面的接触并保证车辆的行驶性能。

图9.9　传统的车轮

② 存在主要问题：见"问题描述"。
③ 限制条件：结构尽量简单实用，重量轻，耐磨防爆。
④ 目前解决方案：使用蜂窝状非充气轮胎。
⑤ 已有方案或类似产品的解决方案存在的问题：目前已有的解决方案为使用蜂窝状非充气轮胎或普通金属轮胎，虽然能防止爆胎，但依然无法适应多种地形。

（3）系统分析

① 功能分析（图9.10）。

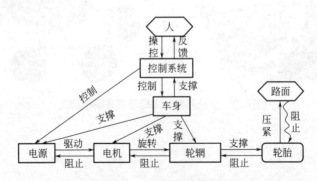

图9.10　系统功能分析

② 因果链分析（图9.11）。
③ 冲突区域确定（问题关键点确定）。

问题关键点1：车轮与路面的冲突区域，涉及的根本原因是车轮材质与结构。
问题关键点2：车轮与使用环境的冲突区域，涉及的根本原因是车轮材质。

问题关键点3：车轮强度和重量的冲突区域，涉及的根本原因是车轮结构。

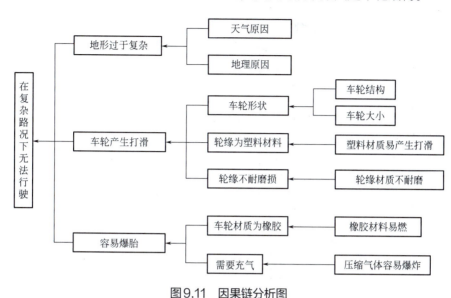

图9.11　因果链分析图

④ 可用资源分析（表9.3）。

表9.3　可用资源分析

项目	资源名称	类别	可用性
系统内部资源	电路	物质资源	可用
	电池	物质资源	可用
	电机	物质资源	可用
	车轮材质	物质资源	可用
	车轮形状	物质资源	可用
	电场	场资源	可用
	机械场	场资源	可用
系统外部资源	人手	物质资源	可用
	路面	物质资源	不可用
	机械场	场资源	可用

⑤ 生命曲线。

技术系统的进化一般按照如图9.12的生命曲线进行。我国车轮制造业正处于蓬勃发展时期，交通、救援、探测等各行各业对车轮的需求量很大，但传统的车轮多为橡胶轮胎，鲜有大的改变。其发明级别较低，专利数量少，车轮的单件利润也比较低，但是由于数量较大，整个产业的经济收益还是很可观的，故全地形金属车轮应处于生命曲线的成长期和成熟期的交汇处，尚具有较大的发展前景。

⑥ 九屏幕图（图9.13）。

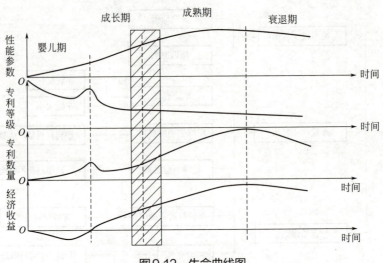

图9.12 生命曲线图

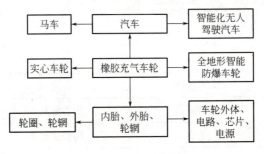

图9.13 九屏幕图

9.2.3 TRIZ工具求解

（1）使用理想解分析

最终理想解：无触碰、没有质量问题、永远没有障碍物。

理想解分析过程：

① 设计的最终目的是什么？使车辆高效通过各种地形。

② 理想解是什么？地形平坦，没有障碍。

③ 达到理想解的障碍是什么？地形复杂，且车轮容易爆胎。

④ 出现这种障碍的结果是什么？车辆无法正常行驶，不能完成所需的工作。

⑤ 不出现这种障碍的条件是什么？创造这些条件存在的可用资源是什么？找出一种全地形防爆车轮。可用资源为电能、空气、机械结构。

依据理想解分析得到方案为：设计一种全地形防爆车轮。

（2）使用冲突解决理论

① 冲突描述：为了加长车轮轮刺，采取增大车轮尺寸和厚度的措施，但会降低车体的平顺性。转换成TRIZ标准冲突，如表9.4所示，相关方案如下：

表9.4　TRIZ标准冲突分析1

改善的参数	3 运动物体的长度
恶化的参数	31 物体产生的有害因素
发明原理	17 维数变化；15 动态化

方案一：依据维数变化原理，将车轮的轮刺由单侧分布变为双侧分布，均匀布置在外轮缘上，同时在外轮缘的中间加上环形凸起，凸起稍微高于两侧的轮刺，从而不降低车体的平顺性。

② 冲突描述：为了防止爆胎，采取提高车轮硬度的措施，但会导致车轮易断裂，可靠性降低。转换成TRIZ标准冲突，如表9.5所示，相关方案如下：

表9.5　TRIZ标准冲突分析2

改善的参数	30 作用于物体的有害因素
恶化的参数	27 可靠性
发明原理	27 低成本、不耐用物体代替昂贵、耐用的物体；24 中介物；2 分离；40 复合材料

方案二：依据发明原理27，使用廉价的防爆材料来制造车轮，这样即使车轮断裂也可以随时更换，降低维修成本。

方案三：依据发明原理40，使用物理性能好的合金材料来制造车轮，这样可以在提高防爆水平的同时提高车轮可靠性。

③ 冲突描述：为了减轻车轮的重量，采取减少车轮制造材料的措施，但会造成车轮结构强度降低。转换成TRIZ标准冲突，如表9.6所示，相关方案如下：

表9.6　TRIZ标准冲突分析3

改善的参数	23 物质损失
恶化的参数	14 强度
发明原理	28 机械系统的替代；35 参数变化；31 多孔材料；40 复合材料

方案四：依据多孔材料原理，在不影响车轮强度的情况下，车轮结构件和非结构件采用多孔结构，使其减轻车身的重量。

方案五：依据复合材料原理，使用力学性能好的合金材料来制造车轮，这样可以在降低车轮重量的同时提高车轮强度。

（3）使用物质-场模型分析及76个标准解

本项目物质-场模型，如图9.14所示。当车轮在路面上行驶时，车轮作用于路面上，复杂的路况又对车轮起到有害作用。系统中同时存在两种物质（路面、车轮）和一种场（机械场），因此为有害效应的完整模型。

根据所建问题的物质-场模型，应用标准解解决流程，得到方案如下：

方案六：在原有基础上增加全地形金属车轮，使其能够适应多种地形，同时防爆胎。改进之后的物质-场模型，如图9.15所示。

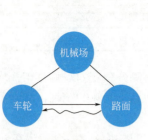
图9.14 物质-场模型

图9.15 改进后的物质-场模型

9.2.4 工程问题的解

全部技术方案及评价如下：

方案一：将车轮的轮刺由单侧分布变为双侧分布，均匀布置在外轮缘上，同时在外轮缘的中间加上环形凸起，凸起稍微高于两侧的轮刺，从而不降低车体的平顺性。

方案二：使用廉价的防爆材料来制造车轮，这样即使车轮断裂也可以随时更换，降低维修成本。

方案三：使用物理性能好的合金材料来制造车轮，这样可以在提高防爆水平的同时提高车轮可靠性。

方案四：在不影响车轮强度的情况下，车轮结构件和非结构件采用多孔结构，使其减轻车身的重量。

方案五：使用力学性能好的合金材料来制造车轮，这样可以既可以降低车轮重量同时提高车轮强度。

方案六：在原有基础上增加全地形防爆车轮，使其适应多种地形且具备防爆条件。

最终确定方案为：设计一种全地形金属车轮，车轮的轮刺为双侧分布，均匀布置在轮缘上，同时轮缘中间加上环形凸起，凸起稍微高于两侧的轮刺，从而在提高车轮地形适应能力的情况下不降低车体的平顺性。车轮结构件和非结构件采用多孔结构设计，在不影响车轮强度的情况下减轻重量。使用物理性能好的合金材料来制造车轮，这样可以在提高防爆水平的同时提高车轮可靠性，见图9.16。

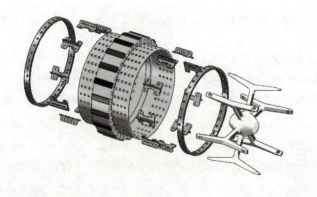

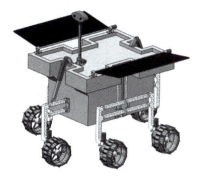 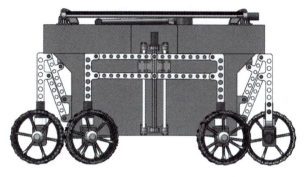

图9.16　全地形金属车轮方案图

9.3　变直径车轮及移动装置

9.3.1　工程项目简介

我国是一个自然灾害频发的国家，台风、地震、洪水等灾害都会导致路面损坏，给救援工作带来困难。变直径车轮及其移动平台可根据地形来调整车轮直径大小，从而适应多种不规则路况，同时平台搭载多种救援仪器，能及时开展救援工作。另外，变直径车轮及其移动平台地形适应性强，可搭载多种勘探仪器，并且安装有太阳能电池板，为野外工作提供了能源保障，从而代替工作人员进行野外勘探（图9.17）。

图9.17　变直径车轮及其移动平台

9.3.2　工程问题分析

（1）问题描述

问题所在技术系统为：移动救援机器人。该技术系统的功能为：移动救援。实现该功能的约束为：在救援的同时遇到障碍物难以翻越。

（2）发明问题初始形势分析

① 工作原理：当车轮在平整的路面上行驶时，轮辐收缩，轮心降低，车轮以圆形车轮形态运动，保证了车轮的灵活性、高效性与平稳性；当车轮在松软的土壤中行驶或者遇到较大的障碍物时，轮辐展开，车轮直径变大，越障能力提升，保证移动平台的通过性，使其能够顺利完成各项任务。

② 存在主要问题：市面上的移动机器人主要分为轮式、履带式以及足式三种。轮式移动机器人越障能力较差、地形适应性差，不适合在松软或崎岖地面行驶，因此很难在野外以及受灾现场等恶劣环境下开展工作。履带式移动机器人重量大，效率低，这就导致其续航能力有限，不能及时开展工作。足式移动机器人控制系统复杂，效率低下，成本高。

③ 限制条件：在救援或探测时遇到障碍物难以越过，从而大大降低工作效率。

④ 目前解决方案：使用螺旋桨驱动进行起飞，越过障碍物。

（3）系统分析

① 因果链分析（图9.18）。

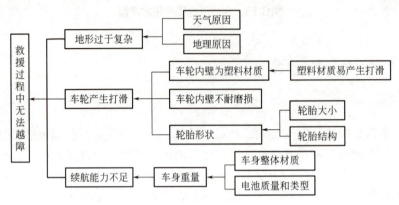

图9.18　因果链分析

② 冲突区域确定（问题关键点确定）。

问题关键点1：车轮与路面的冲突区域，涉及的根本原因是车轮材质与结构。

问题关键点2：续航能力与车身重量的冲突区域，涉及的根本原因是车身本身比较重。

③ 可用资源分析（表9.7）。

表9.7　可用资源分析

项目	资源名称	类别	可用性
系统内部资源	电路	物质资源	可用
	电池	物质资源	可用
	车身材质	物质资源	可用
	车轮形状	物质资源	可用
	车轮材质	物质资源	可用
系统外部资源	机械场	场资源	可用

9.3.3　TRIZ工具求解

（1）使用理想解分析

最终理想解：无触碰、没有质量问题、永远没有障碍物。

理想解分析过程：

① 设计的最终目的是什么？使其高效地进行救援工作。

② 理想解是什么？道路上没有障碍物。

③ 达到理想解的障碍是什么？行驶路径上有障碍物难以越过。

④ 出现这种障碍的结果是什么？普通的救援设备难以通过。

⑤ 不出现这种障碍的条件是什么？创造这些条件存在的可用资源是什么？找到一种越障能力强的车轮。

依据理想解分析得到方案为：可以通过任何地形的交通工具。

（2）使用冲突解决理论分析

① 为了改善车轮打滑与越障能力差的缺点，需要加大车轮的面积，但这样做会增加车体的质量。转换成TRIZ标准冲突，改善的参数为5物体运动的面积，恶化的参数为1运动物体的重量。查找冲突矩阵，得到如下发明原理：2分离，17维数变化，29气动与液压结构，4不对称。相应方案为：依据29气动与液压结构，往轮胎里面充气，使其得到较大的表面积，但不增加过多的重量。

② 为了改善续航能力差的缺点，需要扩大电池的容量，但这样做会导致车身质量变大。转换成TRIZ标准冲突，改善的参数为15运动物体的作用时间，恶化的参数为1运动物体的重量。查找冲突矩阵，得到如下发明原理：19周期性作用，5合并，34抛弃与修复，31多孔材料。相应方案为：

方案一：依据合并原理，利用单个电机来驱动多个车轮，减轻车身质量。

方案二：依据多孔材料原理，在不影响车身强度的情况下，车身结构件和非结构件采用多孔结构，使其减轻车身的质量。

（3）使用物质-场模型分析及76个标准解

建立问题的物质-场模型，如图9.19所示。根据所建问题的物质-场模型，应用标准解解决流程，得到问题的解决方案：在原有基础上增加可变直径车轮，使其顺利越过障碍物。改进之后的物质-场模型，如图9.20所示。

图9.19　物质-场模型　　　图9.20　改进之后的物质-场模型

9.3.4　工程问题的解

全部技术方案及评价为：

方案一：利用空气轮胎往里面充气，使其得到较大的表面积，但不增加过多的重量。

方案二：利用单个电机来驱动多个车轮，减轻车身重量。

方案三：在不影响车身强度的情况下，车身结构件和非结构件采用多孔结构，减轻车身的重量。

方案四：在原有基础上增加可变直径车轮，使其顺利越过障碍物。

最终确定方案为：设计一个可变直径车轮的移动平台，使其顺利越过障碍物。

9.4 一种电动自行车自动驻车系统

9.4.1 工程项目简介

现在电动自行车成为人们主要的代步工具之一，而现在的电动自行车因为需要更长的续航，所以电瓶越来越重，体型越来越肥大，而传统的车撑在使用时需要将电动车稍微搬起，导致力气较小或身体有所不便的人群使用较为困难。

电动自行车自动驻车系统安装在电动车踏板与后轮中间，装置整体利用两个电（动）推杆来支撑停放的电动车，电推杆下方为两个正方形的硬质橡胶，以增加与地面的接触面积。电推杆上部可以在骨架上上下移动，推杆下部在接触到地面时，因为电动车本身重量，会使推杆上部相对于骨架向上运动，从而压缩弹簧，使推杆触发弹簧内的限位，限位触发后给电推杆断电，推杆自锁，从而支撑电动车，且两侧推杆互不干扰。这样设计可以使装置在不平整地形也可以平稳地支撑电动车，见图9.21。

图9.21 电推杆

9.4.2 工程问题分析

（1）问题描述

① 问题所在系统：电动自行车车撑。该技术系统功能：支撑停放电动自行车。实现该功能的约束：在使用时会费力且不便。

② 现有技术的工作原理：安装在电动自行车后部车轮的轴上，电动车在行驶时悬挂在车轮后面，当停下后要将电动车后轮抬起让双脚撑绕后轮车轴旋转到车轮下面，依靠双脚撑后面较宽着地面积来支撑电动自行车，见图9.22。

（2）发明问题初始形势分析

① 系统工作原理：电动自行车双脚撑使用时需要将电动车的后端部抬起，然后用脚将双脚撑推至下摆位置。

② 主要存在问题：使用时费时费力，尤其是重型电动车，一般力气较小的人或者身体

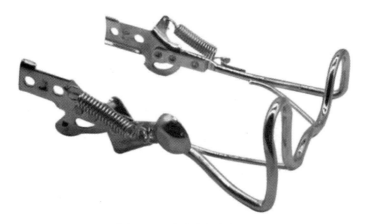

图9.22 电动自行车车撑

有所不便人很难抬起电动车的后端部,所以导致这一部分人使用起来非常吃力或难以使用。

③ 目前解决方案:有部分电动车会配备有侧撑脚,如图9.23所示。

④ 目前解决方案的不足:这种侧撑脚使用时不能适应较为复杂的地形,而且如果质量不好或电动车较重,会导致车子停放不好而产生侧翻,同时侧撑脚的寿命也是一个重要问题。

(3)系统分析

① 因果链分析(图9.24)

② 冲突区域确定(问题关键点确定)。

问题关键点1:把使用人群与车身重量作为一个冲突区域,根本原因是车身本身比较沉重。

问题关键点2:把使用与普通车撑作为一个冲突区域,根本原因是车撑本身的使用复杂。

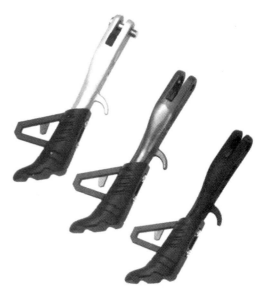

图9.23 侧撑脚

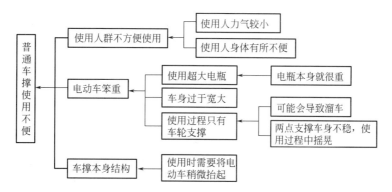

图9.24 因果链分析

9.4.3 TRIZ工具求解

（1）使用理想解分析

① 设计的最终目的是什么？利用车撑不费力气支撑好电动车。

② 理想解是什么？电动车在停止不用时自己可以稳稳站立。

③ 达到理想解的障碍是什么？只靠电动车两个轮子无法支撑好电动车。

④ 出现这种障碍的结果是什么？电动车倒地。

⑤ 不出现这种障碍的条件是什么？给电动车多加一个或多个支撑。

依据理想解分析得到方案为：给电动车多加轮子。

（2）使用物质-场模型分析及76个标准解

建立问题的物质-场模型，如图9.25所示。

图9.25 物质-场模型

根据所建问题的物质-场模型，应用标准解解决流程，得到问题解决方案为：增加一个特殊车撑，使车撑可以从两侧分别支撑电动车。

9.4.4 工程问题的解

全部技术方案有：

方案一：电动自行车增加两个支撑的轮子，停车后不需任何操作就可以平稳地支撑。但这种方案给行驶带了不便，给电动车本身的出行方便增添麻烦。

方案二：增加一个特殊车撑，从两边分别支撑。这种方案不需要将电动车抬起，使用方便。

最终确定方案为：增加一个电动车撑，从两边支撑。

第十章 TRIZ在创新设计中的应用

10.1 学校用便捷太阳能电子阅览岗亭

10.1.1 工程项目简介

信息岗亭是学校用来传播信息和知识的重要渠道,是在学校用于向学生或教师提供便利服务的公共服务设施。一般的信息岗亭只能供学生和教师浏览纸质消息,不能观看电子类的宣传信息,而且在夜间时岗亭就不能使用,不方便学生观看和浏览,导致岗亭使用率较低。所以本项目提出了一种学校用信息岗亭,以便解决上述问题。

10.1.2 工程问题分析

(1)问题描述

一般的信息岗亭(图10.1)只能放置报纸或一些杂志,内容显示单一,只能供学生和教师浏览纸质信息,不能观看电子类的宣传消息,而在夜间时岗亭就不能使用,不方便学生观看和浏览,岗亭使用率较低。

(2)发明问题初始形势分析

① 系统的工作原理:信息岗亭是学校用来传播信息和知识传播的重要渠道,在学校用于向学生或教师提供便利服务的公共服务设施。

② 存在的问题:见"问题描述"。

③ 限制条件:内容显示单一,只有纸质版本没有电子版本,夜间不能使用。

④ 目前已有产品:信息岗亭。

图10.1 信息岗亭

（3）系统分析

① 因果链分析：由于现有的学校用信息岗亭在使用时，内容显示单一，只有纸质版本没有电子版本，夜间不能使用，见图10.2。

图10.2 因果链分析

② 九屏分析（表10.1）。

表10.1 九屏分析

超系统的过去：化学反应釜	超系统：精密机床、模具	超系统的未来：公共设施
系统的过去：展示板、显示屏、照明灯、语音播报器、无线传输器等	当前系统：学校用信息岗亭	系统的未来：学校信息系统
子系统的过去：电子元件	子系统：展示板、显示屏、照明灯、语音播报器、无线传输器等	子系统的未来：学校用信息岗亭

③ 功能分析（图10.3）。

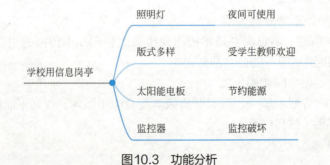

图10.3 功能分析

10.1.3　TRIZ工具求解

（1）问题关键点

① 现有的学校用信息岗亭内容单一、只有纸质媒体；

② 现有的学校用信息岗亭夜间不能使用。

（2）理想解分析

最终理想解：提供一种学校用信息岗亭，包括展示板、与所述展示板下端可拆卸连接的支腿和设置在展示板上端的亭棚，所述亭棚上设有多个太阳能光伏板、与所述太阳能光伏板通过控制电路连接的控制器、逆变器和用于存储电量的蓄电池。

（3）可利用资源分析

① 系统内部资源分析如表10.2所示。

表10.2　系统内部资源分析

资源名称	类别	可用性
展示板	物质资源	展示媒体资源
亭棚	物质资源	遮蔽风雨

② 系统外部资源分析如表10.3所示。

表10.3　系统外部资源分析

资源名称	类别	可用性
显示屏	物质资源	阅读电子版刊物
照明灯	物质资源	满足夜间使用岗亭
语音播报器	物质资源	便捷
监控器	物质资源	安全

（4）物理矛盾分析

为了"满足夜间使用及节约能源的需要"，需要照明灯和太阳能板的数量参数为"正"，但又为了"节省土地资源"，需要照明灯和太阳能板的数量参数为"负"。

10.1.4　工程问题的解

全部技术方案有：

方案1：应用照明灯、显示屏以及监控器等。该方案虽然解决了夜间使用、电子媒体的问题，但电量消耗大。

方案2：应用照明灯、显示屏、监控器、太阳能光伏板，综合打造一个适合学校使用的信息岗亭。该方案既解决了夜间使用、电子媒体的问题，又节约了能源。

最终确定方案为：应用照明灯、显示屏、监控器、太阳能光伏板，综合打造一个适合学校使用的信息岗亭。其包括展示板、亭棚和支腿，亭棚上设有太阳能光伏板、控制器、逆变器、蓄电池和控制电路，展示板上设有多个显示屏、照明灯、语音播报器、无线传输器和报警器。该实用新型的学校用信息岗亭，通过太阳能光伏供电系统向岗亭的展示板供电，无线传输器与学校的主控台实现无线通信,解决了信息岗亭内容单一、功能少、使用率低的技术问题,具有结构简单、操作便捷、便于学生和教师长期使用的技术效果,见图10.4。

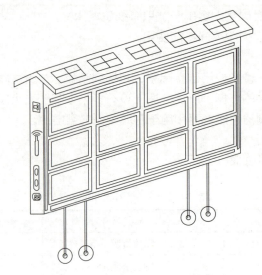

图10.4 实用新型的学校用信息岗亭

10.2 基于TRIZ理论的水果采摘装置

10.2.1 工程项目简介

水果采摘装置对辅助人们采摘水果有很大的帮助。目前我国的水果采摘大部分还是以原始的人工采摘方法为主,不仅效率低,劳动量大,而且容易造成果实损伤;现代的大型采摘机器太过昂贵,而且不适于复杂地形。常用水果采摘装置见图10.5。本项目旨在设计简易的水果采摘器,使得水果方便采摘,果实完整,提高农民工作效率。

改进的水果采摘装置由爪手、摄像头及手机屏、伸缩杆、手柄、网兜及刀架等组成。摄像头可将预采集的水果图像显示到手机屏上,通过活动手柄控制爪手动作,摇动弯曲手柄控制爪手的角度,网兜可套住水果至果柄根部,控制活动刀刃切断果柄,实现水果快速无损采摘。

图10.5 水果采摘装置

10.2.2 工程问题分析

（1）发明问题初始形势分析

① 现有技术系统的工作原理。水果采摘器包括：长杆；剪刀支架，侧视呈Z字形，其一端与长杆的顶部固定；上网兜架，其与长杆固定且位于剪刀支架下方；下网兜架，其安装在长杆的下部；下网兜，其开口端与下网兜架固定；上网兜，其顶部与上网兜架固定，上网兜没有底，其下部悬挂至接近下网兜；滑轮，其经滑轮架与长杆顶部固定；剪刀架，其尾部与剪刀支架固定；活动剪刀片，其活动铰接部与剪刀架的中部铰接；拉簧，其一端与剪刀支架铰接，另一端与活动剪刀片的刀片部铰接；手柄，其一端经套管与长杆底部固定；活动手柄，其与手柄的中部铰接；拉绳，其与活动剪刀片的动力部固定。

② 当前技术系统存在的问题：采摘器在采摘水果时不易保证水果完整；树叶密集时，采摘器难以找到水果并完整采摘；果树较高时，采摘器较难找到水果；果柄与果树结合较紧密，采摘器难采摘。

③ 现有解决方案及其缺点：减少人与水果的距离，如加梯子，缺点为浪费时间、增加装置和危险性；加大采摘器与水果作用力，如使用电动采摘器，缺点为结构复杂，电机使负重增加。

（2）系统分析

① 功能分析：系统功能模型如图10.6所示。

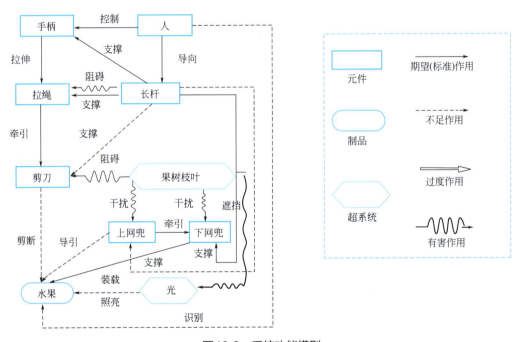

图10.6　系统功能模型

② 因果链分析（图10.7，图10.8）。

③ 可用资源分析（表10.4）。

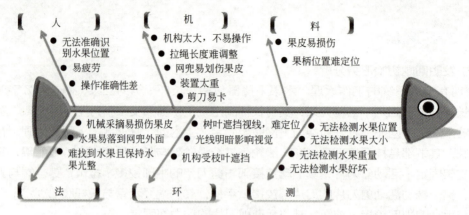

图10.7　鱼骨图

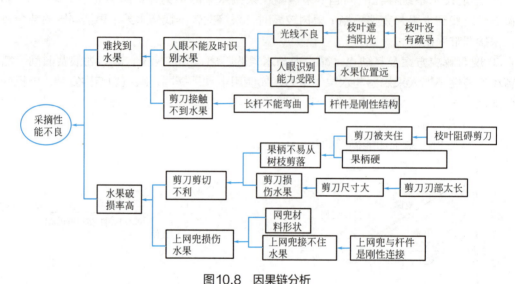

图10.8　因果链分析

表10.4　资源分析

项目	资源名称	类别	可用性分析（初步方案）
系统内部资源	剪刀	物质资源	与网兜配合，剪刀的仰角可调
	长杆	物质资源	长度与角度可调
	网兜	物质资源	网兜上沿要始终保持水平
	长杆作用在网兜上的压力场	场资源	仅用网兜使水果果柄与树枝分离
	水果自重	场资源	利用水果自重实现切断
	长杆	场资源	将长杆延伸至地面，以此支撑整个采摘器的重量
系统外部资源	L形刀	物质资源	被L形的短边罩住的刀刃可自由运动，实现切断
	万向节	物质资源	可弯曲一定角度，便于剪切
	疏导装置	物质资源	可用气管引导压缩空气
	风能、太阳能	场资源	促熟，使果柄与树枝分离
	化学药剂	其他资源	使水果果柄与树枝分离

10.2.3 TRIZ工具求解

（1）理想解分析

最终理想解：无需任何装置，水果自动落入果篮。次理想解：简易采摘器采摘水果。

① 设计的最终目的是什么？水果无损采摘。
② 理想解是什么？水果与树枝自动分离。
③ 达到理想解的障碍是什么？剪刀刀刃部分太长。
④ 出现这种障碍的结果是什么？水果损伤。
⑤ 不出现这种障碍的条件是什么？创造这些条件存在的可用资源是什么？不出现这种障碍的条件是装置辅助人工采摘，可用资源是L形刀。

依据理想解分析得到方案一：在采摘装置的网兜上沿安装L形刀（图10.9），并通过使刀刃做直线运动切断果柄与树枝的连接。

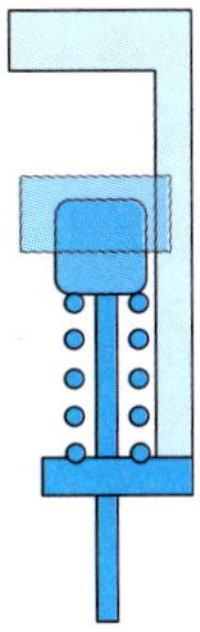

图10.9 L形刀

（2）针对问题关键点——剪刀尺寸大，使用冲突解决理论中的技术冲突

冲突描述：为了提高水果采摘器的"剪切的准确性"，需要减少剪刀刀刃的长度，但这样做了会导致剪切力加大，易损坏刀刃。

转换成TRIZ标准冲突，改善的参数为3运动物体的长度，恶化的参数为10力。查找冲突矩阵，得到如下发明原理：17维数变化、10预操作、4不对称。可得以下方案：

方案二：依据预操作原理，预先对物体进行特殊安排，使其在时间上有准备，或已处于易操作的位置。具体为：在采摘器顶部安装爪手（三爪夹具，外敷硅胶），预先固定水果，再进行采摘（图10.10）。

方案三：依据不对称原理，将物体的形状由对称改为不对称。具体为：在采摘器顶部安装不对称的剪刀，剪刀动刀刃为宽圆弧形状，定刀片为窄圆弧形状（图10.11）。

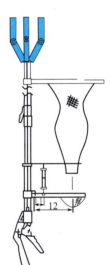

图10.10 方案二装置图

（3）针对问题关键点——剪刀尺寸大，使用冲突解决理论中的物理冲突

冲突描述：为了"剪断果柄"，需要参数"剪刀刀刃长度"为"大"，但又为了"避免扎伤水果"，需要参数"剪刀刀刃"为"小"，即某个参数既要"大"又要"小"。

考虑到该参数"剪刀刀刃长度"在不同的"空间"上具有不同的特性，因此该冲突可以从"空间"上进行分离。查找与该分离原理对应的发明原理有"7套装、14曲面化"，根据选定的发明原理，得到如下解决方案。

方案四：依据套装原理，剪刀刀刃设计为可伸缩式，当装置采摘水果前，剪刀刀刃在弹簧作用下为收缩状态；当剪切时，切断果柄（图10.12）。

方案五：依据套装原理，剪刀刀刃设计为可伸缩式，当装置采摘水果前，剪刀刀刃在弹簧作用下为收缩状态；当剪切时，拉线改为电磁铁推动刀刃弹出，切断果柄（图10.13）。

方案六：依据曲面化原理，剪刀改为弧形刀，当装置采摘水果前，弧形刀刃在弹簧作用下与上网兜重合；当剪切时，拉线拉动刀刃弹出，切断果柄（图10.14）。

图10.11　不对称的剪刀

图10.12　拉线拉动刀刃弹出

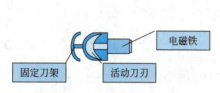
图10.13　电磁铁推动刀刃弹出

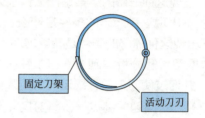
图10.14　剪刀改为弧形刀

（4）当问题关键点为人眼识别能力受限，使用效应

确定问题要实现的功能为："检测分散的固体"。查找效应知识库，得到可用的效应为"摄影Photography"。依据"摄影"效应，得到如下方案。

方案七：用CCD传感器（摄像头）检测水果位置、大小及果品质量，随水果位置与其他信息的变化，像素随之变化，传感器输出图像信号也随之变化。

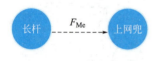

图10.15　物质-场模型

（5）当问题关键点为上网兜接不住水果，使用物质-场模型分析及76个标准解

建立问题的物质-场模型，如图10.15所示。

根据所建的物质-场模型，应用标准解解决流程，得到标准解为"系统不能改变，但允许添加一个永久或暂时的外部附加成分"。依据选定的标准解，得到问题的解决方案。

方案八：剪刀支架与长杆为铰接，并将上网兜与剪刀支撑架固定，同时再通过杆件连接重块，因此剪刀支架和上网兜在重块作用下，可始终保持水平状态，便于接住下落的水果（图10.16）。

改进之后的物质-场模型为如图10.17所示。

（6）当问题关键点为长杆不能弯曲，使用冲突解决理论中的技术冲突

冲突描述：为了提高水果采摘器的"弯曲灵活性"，需要增加长杆的弯曲构件，但这样做了会导致"装置的复杂性"加大。

转换成TRIZ标准冲突，改善的参数为35适应性及多用性，恶化的参数为36系统的复杂性。查找冲突矩阵，得到如下发明原理：15动态化、37热膨胀、29气动与液压结构、28机械系统的替代。

方案九：依据动态化原理，得到方案为在长杆上部安装弯曲部件，弯曲部件由蜗轮蜗杆组成，转动蜗杆使得长杆能够弯曲一定角度（图10.18）。

方案十：依据机械系统的替代原理，在长杆上安装舵机，通过舵机来调整杆的弯曲角度，以适应采摘不同位置的水果（图10.19）。

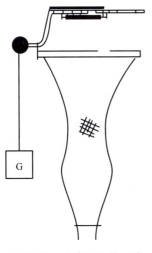

图10.16　方案八工作示意

图10.17　改进之后的物质－场模型

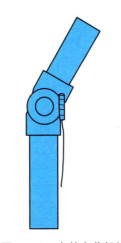

图10.18　安装弯曲部件

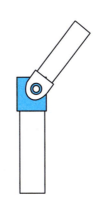

图10.19　安装舵机

10.2.4　工程问题的解

全部技术方案及评价见表10.5。

表10.5　方案及评价

序号	方案	所用原理	可用性评估
1	在采摘装置的网兜上沿安装L形刀，并通过动刀刃直线运动切断果柄与树枝的连接	理想解	强可用
2	在采摘器顶部安装爪手（三爪夹具，外敷硅胶），固定水果	技术冲突	强可用
3	在采摘器顶部安装不对称剪刀	技术冲突	可用

续表

序号	方案	所用原理	可用性评估
4	剪刀刀刃设计为可伸缩式，装置采摘水果前，剪刀刀刃在弹簧作用下为收缩状态；当剪切时，拉线拉动刀刃弹出，切断果柄	物理冲突	强可用
5	剪刀刀刃设计为可伸缩式，装置采摘水果前，剪刀刀刃在弹簧作用下为收缩状态；当剪切时，拉线改为电磁铁推动刀刃弹出，切断果柄	物理冲突	可用
6	剪刀改为弧形刀，当装置采摘水果前，弧形刀刃在弹簧作用下与上网兜重合；当剪切时，拉线拉动刀刃弹出，切断果柄	物理冲突	强可用
7	用CCD传感器（摄像头）检测水果位置、大小及果品质量，随水果位置与其他信息的变化，像素随之变化，传感器输出图像信号也随之变化	效应	强可用
8	剪刀支架与长杆为铰接，并将上网兜与剪刀支撑架固定，同时再通过杆件连接重块，因此剪刀支架和上网兜在重块作用下，可始终保持水平状态，便于接住下落的水果	物质-场模型	可用
9	在长杆上部安装弯曲部件，弯曲部件由蜗轮蜗杆组成，转动蜗杆使得长杆能够弯曲一定角度	技术冲突	强可用
10	在长杆上安装舵机，通过舵机来调整杆的弯曲角度，以适应采摘不同位置的水果	技术冲突	可用

最终确定方案见图10.20，改进的水果采摘机构由爪手、摄像头及手机屏、伸缩杆、手柄、网兜及刀架等组成。其工作原理为：摄像头将采集到的水果图像显示到手机屏上，通过活动手柄控制爪手动作，摇动弯曲手柄控制爪手的角度。其操作为：爪手抓紧水果，转动或下拉杆件摘下水果。如果难摘下，则用网兜上沿套住水果至果柄根部，控制环形活动刀刃切断果柄，使网兜接住水果。

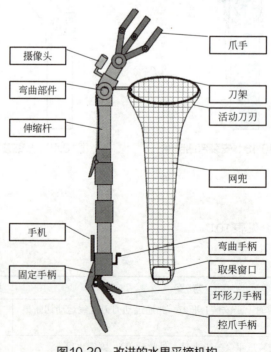

图10.20 改进的水果采摘机构

参考文献

[1] 孙永伟，谢尔盖·伊克万科. TRIZ：打开创新之门的金钥匙I. 北京：科学出版社，2015.

[2] 赵敏，张武城，王冠殊. TRIZ进阶及实战——大道至简的发明方法. 北京：机械工业出版社，2015.

[3] 莱昂纳德·契储金. TRIZ研究与实践：连接创造力、工程与创新. 北京：科学出版社，2020.

[4] 姚威，韩旭，储昭卫. 创新之道：TRIZ理论与实战精要. 北京：清华大学出版社，2019.

[5] 檀润华. C-TRIZ及应用——发明过程解决理论. 北京：高等教育出版社，2018.

[6] 檀润华. TRIZ及应用：技术创新过程与方法. 北京：高等教育出版社，2010.

[7] 亚历克斯·柳博米斯基，西蒙·利特文，谢尔盖·伊克万科. TRIZ创新指引：技术系统进化趋势（TESE）. 北京：电子工业出版社，2018.

[8] 维克多·费，尤金·里温. 需求导向创新：基于TRIZ的新产品开发. 北京：科学出版社，2010.

[9] 颜惠庚，杜存臣. 技术创新方法实战：TRIZ训练与应用. 北京：化学工业出版社，2014.

[10] 赵敏，史晓凌，段海波. TRIZ入门及实践. 北京：科学出版社，2009.